최우성 쌤의 수학으로 여는 세상

수포자도 수학 1등급 받을 수 있어

최우성 쌤의 수학으로 여는 세상

수포자도 수학 1등급 받을 수 있어

최우성(경기도 장학사) 지음

BM (주)도서출판 성안당

수학포기자인 수포자를 질병으로 보는 이상한 세상

그동안 여러 학생, 학부모, 수학 전공 교사들을 만나서 많이 이야기했던 것이 "왜, 아이들이 수학을 포기할까요?"에 대한 질문과 답변이었습니다.

아이들의 실력을 줄 세우기 위한 방법으로 학교나 학원 교사도 못 푸는 어려운 수학 문제가 출제되면서, 아이들은 수학 수업에 대한 흥미와 즐거움을 수학 시험의 허무함과 공포로 모두 포기해 버리는 자포자기의 모습을 보여 주고 있습니다.

세계적으로 우리나라 학생들의 수학과 과학의 성취도는 최상위권입니다. 지난 2020년 12월 교육부에서 발표한 '국제 교육 성취도 평가 협회'의 '수학, 과학 성취도 추이 변화 국제비교 연구 2019' 결과에 따르면, 우리나라 초등학교 4학년과 중학교 2학년의 수학, 과학 성취도가 국제적으로 최상위권으로 나타났습니다.

이 연구에는 58개국 초등학생 약 33만 명, 39개국 중학생 약 25만 명이 참여했습니다. 우리나라에서는 2018년 12월에 345개교의 학생 1만 2천 101명이 참여했습니다.

[더 체인지] 출연 당시 모습

초4 학생의 수학 성취도는, 국제 평균을 500점으로 봤을 때 600점으로, 58개국 가운데 싱가포르(625점), 홍콩(602점)에 이어 3위를 차지하였습니다. 우리나라 초등학생의 수학 성취도는 이 평가가 처음 시행된 1995년부터 2~3위로, 꾸준히 최상위권을 유지하고 있습니다.

그러나 수학에 자신감이 있는 학생은 64%로, 국제 평균 76%보다 낮았습니다. 수학에 흥미가 있는 학생은 60%로, 마찬가지로 국제 평균(수학 80%)보다 낮았습니다.

중2 학생의 수학 성취도는 607점으로, 39개국 가운데 싱가포르(616점), 대만(612점)에 이어 3위였습니다. 1995년 이 평가가 시작된 이래, 우리나라 중학생의 수학 성취도는 1~3위로 상위권을 유지하고 있습니다. 또 수학 실력이 가장 뛰어난 '수월 수준(625점 이상)' 이상 학생 비율은 45%로 나타났습니다.

우리나라 중학생 중 수학에 자신감이 있는 학생은 46%, 흥미가 있는 학생은 40%로 국제 평균(자신감 있음 57%, 흥미 있음 59%)보다 낮았으며, 수학 학습이 가치가 있다고 보는 학생은 70%로 역시 국제 평균(84%)을 밑돌았습니다.

한마디로, 우리나라 학생들은 수학 과목 성취도는 세계 최고 수준이나 수학에 대한 자신감과 흥미는 최저 수준으로, 잘하지만 억지로 공부하는 셈입니다.

● 수포자를 병으로 몰아세우는 사회 인식

수학을 포기하는 이른바 '수포자'가 늘고 있는 가운데, 현장에서는 수학을 포기한 학생들이 수학을 못하는 것을 병으로 보는 분위기가 만연해 있습니다. 게다가 학원이나 사교육 곳곳에서 수포자를 치료하겠다고 병원에서 쓰는 '수학 클리닉'이라는 용어를 사용하면서, 수포자들을 더욱 회복되지 못하는 불치병에 걸린 것으로 몰아세우고 있습니다.

우리 사회가 수학을 잘 못하는 학생들을 수포자로 매도하고 있는 것도 문제입니다. 수학 평가 점수를 100점이라고 하면, 어떤 학생들은 50점에 접근하고도 만족합니다. 그러나 현실에서는 100점만 수학을 잘한다 생각하고, 50점대 학생은 수학을 못하는 기초학력 부족한 학생으로 매도하는 것입니다. 이러한 사회의 시선과 상처들이 초등학교 저학년부터 누적되어 수학에 대한 자신감과 흥미는 더욱 떨어지게 됩니다.

학원들이 밀집한 건물의 카페에 들어서면, 학원 수업 시간을 기다리는 학생들이 대부분 수학 문제만 풀고 있습니다. 학생들의 이야기를 들어 보면, "수학 문제의 수준이 쓸데없이 높아요.", "너무 많이 배우고, 너무 깊게 배우고, 범위도 엄청 많아요."라고 말합니다.

최근에 학생, 학부모들은 지금도 배울 수학 내용이 너무 많으니 교육과정에서 덜어 내자고 주장하고 있지만, 수학 학계에서는 더 많이 가르쳐야 한다고 주장합니다. 수학 교육을 둘러싸고 첨예하게 대치되는 형국입니다. 수학을 포기하는 학생들을 예방하기 위해서 현실적인 대안이 중요합니다.

● 수학으로 바라보는 세상 읽기

수포자를 예방할 수 있는 현실적인 대안은 학생, 학부모, 교사가 수학이라는 학문을 대하는 자세에 그 해답이 있습니다. 세상의 모든 것들은 수학으로 이루어져 있습니다. 그래서 우리 학생들이 배우는 수학 교과서의 원리, 개념, 증명 등 다양한 수학적 지식들을 세상 속의 자연 현상과 만나게 해서 학생들이 이해하기 쉽게 가르쳐야 합니다. 수학 수업과 이 세상이 단절된 것이 아니라, "우리가 배우는 수학은 세상과 관련 있고, 가치 있는 것이다."라는 것을 알게 해 주는 교육과정이어야 합니다.

이러한 의미에서 이 책에 펼쳐지는 다양한 주제는, 세상과 관련된 수학을 통해서 수포자들이 수학 공부를 포기하지 않고 끝까지 완주할 수 있는 동기 부여가 될 것입니다.

● 엄청난 양의 수학 문제만을 푸는 것은 수학의 본질이 아니다

초등학교, 중학교, 고등학교의 성적, 대학수학능력시험 등에 자유롭지 못한 학생들은 수학 점수에 민감하게 반응하게 됩니다. 어떻게 하면 수학 문제를 잘 풀어서 좋은 점수를 얻을 수 있을까 고민합니다.

다양한 유형의 문제를 수천 번 수만 번 반복하여 풀면서 학생들은 수학을, 세상을 살아가는 능력이나 역량을 배양하는 것이 아닌, 그냥 다른 학생들보다 난이도 높은 수준의 문제를 많이 해결하여 좋은 점수를 받아야 되는 과목으로 생각하게 됩니다.

학생, 학부모, 교사들은 "유사한, 동일한 문제를 엄청나게 여러 번 많이 풀어야 시험에서 실수를 하지 않습니다."라고 말합니다. 이렇게 학생들은 앞으로 펼쳐지는 각종 수학 시험에서 경쟁자인 다른 학생들보다 좋은 점수를 받기 위해서 문제만 반복해서 풀고, 시험에서 좋은 성적을 거두기만을 바랍니다. 그래서 수학이라는 아름다운 과목을 그저, 성적을 올리기 위해서 무한정 반복해서 풀어야 하는 문제 투성이 과목이라고 낙인찍게 됩니다.

이렇기 때문에 많은 학생들은 수학에 대한 기본적인 즐거움, 호기심, 관심을 갖지 못하게 됩니다. 더 안타까운 점은, 아직도 사람들이 수학이라는 과목이 많은 문제들을 풀어야 고입이나 대입 등 상급학교 진학에 유리하다는 생각을 가지고 있다는 것입니다.

이제 수학을 포기하는 교육은 없어져야 합니다. 그러기 위해서 수학이 즐겁고, 재밌고, 세상과 일치하는 것이라는 것을 보여 줘야 합니다.

이는 이 책이 지향하는 바이기도 합니다. 다가오는 4차 산업혁명 시대에 대한민국을 책임질 학생들에게 수학은 너무나 중요한 분야로 떠오르고 있습니다. 또 갑작스럽게 생기는 팬데믹 사태에 현명하게 대처하는 능력을 배양하기 위해서도 수학의 본질을 즐겁게 알려 줘야 합니다.

● 수포자들이 없어지는 방법은?

수포자들이 제일 많이 발생하는 시기가 초등학교 3~4학년 때라고 합니다. 이때부터 학생들은 많은 양의 수학 개념, 각종 복잡한 문제들로 인해 수학을 그냥 포기하게 됩니다. 이렇게 수학을 포기하지 않게, 수학이 아름다운 세상을 보는 눈이 될 수 있음을 알려 줘야 합니다.

이 책을 통해 수학이 아름답고, 즐겁고, 흥미있는 과목이라는 것을 알려 주고자 합니다. 그리고 학생, 학부모, 교사들의 수학에 대한 편견과 선입견을 날려 버렸으면 합니다.

이 책에 등장하는 소재들은 우리 주변에서 흔히 볼 수 있는 세상 사는 이야기들입니다. 세상 사는 이야기들을 통해 수학의 즐거움과 아름다움을 느끼고 실천하는 기회가 되었으면 합니다.

[더 체인지] 출연 당시 모습

차례

머리말

제1장 이래서 수포자가 된다

제2장 수포자에서 탈출하기

제3장 두근두근 재미있는 확률과 통계

제4장 늘 보고 느끼는 기하

제5장 보여지는 마법, 함수

제6장 문자와 식(생활 깊숙이 파고든 수학)

제10장 기타 영역

제11장 학교는

수학, 디지털 리터러시와 만나다

제1장

이래서 수포자가 된다

1 공식만 외우고 어려운 문제를 푸니 수포자로

과정을 생략하고 공식만 잔뜩 외우는 학생

중학교와 고등학교 수학에서 제일 많이 등장하는 것이 '인수분해'입니다. 상당히 많은 인수분해 공식들이 있어요. 일명 '완전제곱식 $(a+b)^2$', '합차공식 $(a+b)(a-b)$'라고 합니다.

학생들을 지도하다 보면, 공식이 탄생하게 된 과정을 설명하는 것에는 관심을 기울이지 않고, 공식만 외우려고 하는 학생들이 있어요. 물론 공식을 외우면 수월합니다. 하지만 수학 공식만 외우고, 계산식 문제만 잔뜩 풀다 보면, 어느덧 수포자의 길로 들어서고 있는 본인의 모습을 발견할 수 있을 거예요.

수학 공식의 배경 지식에 대한 이해 없이 마구잡이식으로 공식만을 강요하는 행위는 학생을 포기하게 만드는 것입니다. 공식은 수학 문제를 해결하는 것을 좀 더 쉽고 간단하게 이끌어 주는 도구에 불과해요. 도구에 얽매이는 습관은 수학 공부를 방해하는 행위입니다.

공식만 외우는 학생들은 수학의 진가를 경험하지 못해, 문제해결력이나 창의력을 요구하는 문제는 풀지 못하게 됩니다. 그래서 저는 수업 시간에 학생들이 이전 혹은 중학교 때 배운 내용을 잊어버린 경우에, 시간이 허락하는 한 다시 자세히 유도되는 과정을 설명하는 시간을 갖습니다.

가령, 이차방정식의 근이나 해를 구할 때 인수분해가 되지 않을 경우에는 근의 공식을 사용하지요. 그때 근의 공식이 왜 생겼는지 그 과정을 다시 설명하는 것입니다.

"여러분, 근의 공식은 원래 완전제곱식꼴로 근이나 해를 구하는 과정에서 발견되었어요."라고 하고, 칠판에 다음과 같은 이차방정식을 적고, 유도하는 과정을 보여 줍니다.

$$3x^2+5x+1=0$$

양변을 x^2의 계수로 나누고, 상수항을 이항하고, 일차항의 계수의 반의 제곱을 양변에 더하고, 우변을 통분하고, 우변을 계산하고, 제곱근을 구하고, 우변의 분모를 근호 밖으로, 좌변의 상수항을 이항, 우변을 통분, 정리… 중략….

수학을 재밌게 공부하고자 한다면, 공식이나 개념의 탄생 과정을 이야기로 설명해 주는 것이 필요합니다. 학생들의 입장에서는 공식을 외우기 바쁠 수 있지만, 반대로 과정을 살펴보고 이해한 다음에 공식은 천천히 접근해도 될 것입니다.

● 어려운 문제만을 고집하면 수포자로

"선생님, 제가 어려워하는 문제를 꼭 풀고 넘어갈까요? 말까요?"라는 질문을 하는 학생이 있지요. 수학 성적이 중간 정도인 학생인데, 어려운 문제를 '풀까? 말까?' 망설이는 모양입니다.

이럴 때 학생에게 이렇게 알려 줍니다.

"어, 네가 해결할 수 있는 지점까지만 풀어."

"억지로 어려운 문제를 풀지 말고, 쉬운 문제를 풀어."

어려운 문제들을 어떻게 하면 해결할 수 있을까 고민만 하다 보니 수학이 지루하고 힘들어지는 것이에요. 그리고 이때가 학생들이 수학을 포기하는 지점이 됩니다. **쉬운 문제부터 단계를 밟아가면서 문제를 해결한 것에 대한 성취감과 자신감을 느끼는 것이 우선입니다.**

물론 옆에서 수학을 지도하는 선생님의 격려도 중요하지요. "야, 너 참으로 잘 푼다.", "이 문제는 차후 나올 단원과 연결되는 부분이야."라는 식으로 학생이 공부한 내용에 대한 '피드백'이 주어져야 합니다.

그런데 현실은 비참할 정도로 빈약합니다.

"네가 푼 문제 뒤에 있는 정답 보고 맞춰 봐."

혼자 스스로 피드백하라는 소리이지요. 이때부터 학생들은 수학의 재미와 호기심, 흥미를 잃어버리게 됩니다.

한편, 부모님이나 학원, 과외 교사들의 입장은 딴판이에요. "너, 어렵지만, 내일까지 혹은 다음 수업 때까지 숙제로 풀어 와."라고 닦달을 합니다.

학교 밖 세상은 사교육비가 오가는 세상이라, 학생의 수학 수준을 정확하게 진단하고, 진단테스트에 맞춰 처방이 나오고, 매주나 매월 꾸준하게 관리를 합니다. 공교육이 그런 면에서는 사교육을 따라갈 수 없음을 고백합니다.

하지만 그렇다고 수포자의 늪에 빠질 위험이 있는 학생을 방치하지는 않을 것입니다. 학생들에게 실생활과 관련된 수학의 이야기를 들려주면서 세상을 살아가는 지혜를 듬뿍 주도록 하겠습니다.

2 나는 수포자의 늪에 빠져들었다

두려워했던 두 자리 수×두 자리 수, 세 자리 수×세 자리 수

저는 학교 들어가기 전에 0부터 1, 2, 3 … 10, 또는 1, 2, 3, … 100 등의 수까지 읽고 쓰는 활동을 하면서 그나마 수와 친해질 수 있는 기회가 많았습니다. 수와 그림을 연결시키거나, 수와 동그라미 수를 연관시켜 숫자의 크기와 양의 관계를 쉽게 알 수 있었지요.

그리고 곱셈구구(구구단)는 초등학교(그때 당시에는 국민학교) 입학 전에 알고 가야 된다는 공공연한 비밀(?)로 인해 주절주절 외었던 기억이 납니다. 구구단은 한 자리 수×한 자리 수 계산을 위한 기초적인 계산값을 일목요연하게 만들어 놓은 것이에요. 그때 학교 앞에서 외부인들이 특정 상품을 홍보하면서 책받침을 나눠 준 기억이 생생합니다. 그 책받침 앞면이나 뒷면에는 어김없이 구구단 혹은 영어 알파벳 등이 있었어요.

다들 기억나시나요? 판매원이 어린이 손님을 잡기 위해 "너희들 끝까지 듣고 있으면 선물 줄게." 등으로 유인을 하곤 했지요. 당연히 저도 질질 끌려 다니면서 각종 책받침을 받곤 했어요. 이때까지의 수학은 그리 큰 어려움 없이 견딜 수 있는 즐거운 고통이었지만, 이후 한방에 다가오는 각종 계산들이 저를 수포자의 늪으로 빠지게 만들었습니다.

그것은 바로 곱셈과 나눗셈, 분수, 소수계산, 혼합계산 등이었어요. **요즘은 초등학교 3학년이나 4학년쯤에 이와 같은 계산들이 등장합니다. 지금도 이맘때 아이들이 수학을 포기하는 비율이 급증하고 있어요**. 제가 그랬듯이 수포자가 되는 것이지요.

그때의 저에게 34×78, 345×789 등의 두 자리 수×두 자리 수, 세 자리 수×세 자리 수는 큰 벽이나 다름없었답니다. 무슨 계산이 받아올림이 그리 많은지요. 받아올림한 수를 다시 계산한 자릿수에 맞게 더하고 계산하고…. 온통 계산으로만 빼곡하게 채워진 교과서는 원망의 대상이 되었어요.

늘 시험 본 후에 "우성이 너는 오늘 남아야 된다.", "나머지 공부 대상이야."라는 말을 들었습니다. 그때만 해도 방과 후에 담임 선생님이 공부 못하는 학생들을 남겨서 공부를 더 시키는 일이 흔했거든요.

곱셈으로 수학을 포기하려는 순간, 곱셈의 역연산인 나눗셈이 곧바로 태풍처럼 저에게 닥쳐왔어요. 두 자리 수÷한 자리 수, 세 자리 수÷두 자리 수 등등. 곱셈도 가물가물하고 받아올림으로 어수선한 가운데 나눗셈까지 다가오니, 그야말로 '멘붕' 상태에 빠져 버렸습니다. 한창 곱셈과 나눗셈으로 시름하고 있는데, 이제 분수가 들어오고, 소수까지 들어오기 시작했습니다.

이유 없이 알려 줬던 분수+분수

지금이야 쉬워 보일 수 있는 동분수의 덧셈, 예를 들어 1/4 + 2/4 = 3/4인데, 저는 이것도 계산을 못해서 1/4 + 2/4 = 3/8이라고 했어요. 게다가 소심하고 내성적이라 절대 선생님이나 친구들에게 궁금한 것을 물어보지 않는 성격이어서, 초등학교부터 중학교까지 질문을 안 하고 배움도 없는 수학 수업을 들어야만 했답니다.

분모가 같은 분수끼리의 덧셈도 못해서 분모끼리 더하고, 분자끼리 더하는 어처구니없는 계산을 한 거예요. 분모가 다른 분수끼리의 덧셈은 계산할 수조차 없었습니다. 1/3 + 2/5 = 11/15인데, 이것을 3/8으로 계산해 버렸다니까요.

수학 시험을 보면 틀린 개수보다 맞은 개수를 확인하는 것이 오히려 빨랐어요. 이때부터 무너지기 시작한 수학 공부는 걷잡을 수 없이 구렁텅이로 빠져 버렸습니다.

세월이 흘러 수포자를 극복하고 현직 수학 교사가 된 지금 생각해 보니, '누군가 저에게 손을 내밀어 주고 이끌어 줬으면, 수포자가 되지 않고 즐겁게 수학을 공부할 수 있었을텐데…'라는 강한 아쉬움이 남습니다.

필요 이상으로 과도하게 계산만을 강요하는 수학 교육과정은 개편되어야 해요. 지금도 수학을 공부하는 대부분의 학생들이 수많은 문제들을 풀고, 계산을 하면서 지쳐 가고 있습니다. 교육과정상에 학생들이 충분히 기회를 갖고, 이해하고 고민하고 알아가는 과정이 부여되어야 하는데, 안타까운 부분들이 상존하고 있는 것이지요.

또 초등학교에는 왜 수학 교과 전담교사가 배치되지 않을까요? 초등학교 때부터 수포자가 발생하고 있지만 전담교사가 없는 실정이니, 대책을 마련해야 한다고 생각합니다.

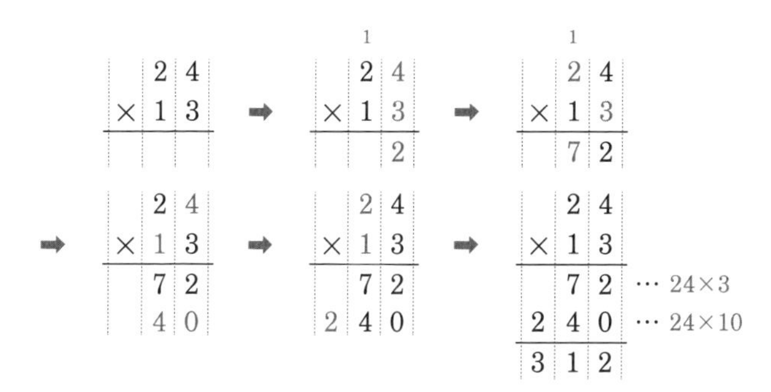

▲ 24x13, (두 자리 수)x(두 자리 수) = 세 자리 수

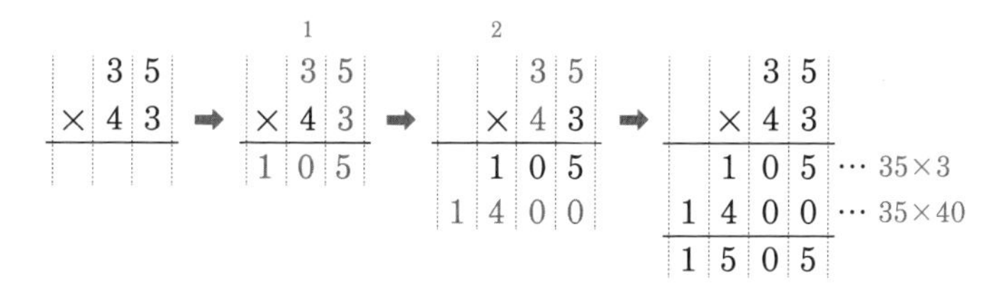

▲ 35x43, (두 자리 수)x(두 자리 수) = 네 자리 수

▶3~4학년군

(1) 내림이 없는 (몇십)÷(몇)

(2) 내림이 없는 (몇십몇)÷(몇)

(3) 내림이 있는 (몇십몇)÷(몇)

(4) 내림이 있는 (몇십)÷(몇)

(5) 내림이 없는 (몇십몇)÷(몇)의 세로셈

(6) 내림이 있는 (몇십몇)÷(몇)의 세로셈

$$\frac{1}{3}-\frac{2}{4}=\frac{1}{3}\times\frac{4}{4}-\frac{2}{4}\times\frac{3}{3}=\frac{4}{12}-\frac{6}{12}=\frac{4-6}{12}=\frac{-2}{12}$$

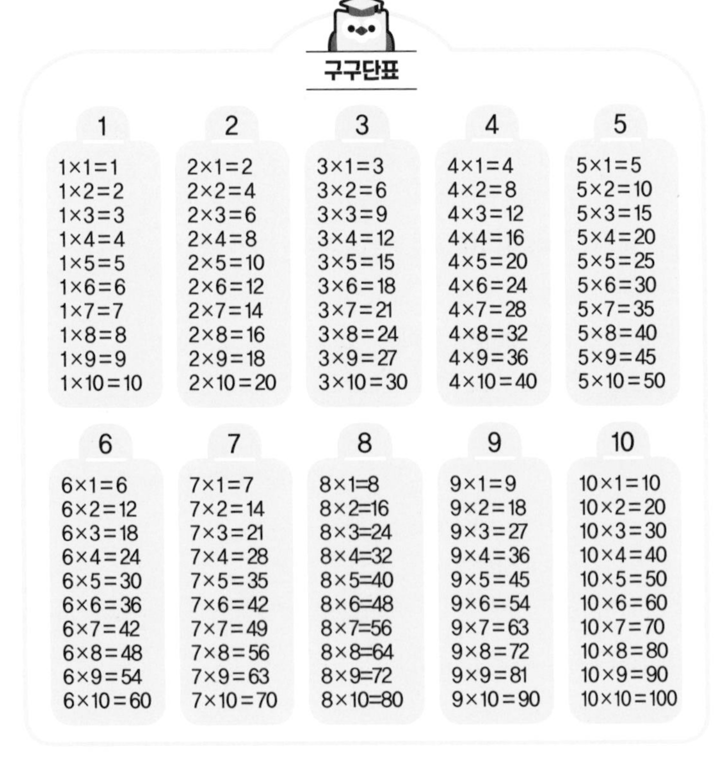

구구단표

1	2	3	4	5
1×1=1	2×1=2	3×1=3	4×1=4	5×1=5
1×2=2	2×2=4	3×2=6	4×2=8	5×2=10
1×3=3	2×3=6	3×3=9	4×3=12	5×3=15
1×4=4	2×4=8	3×4=12	4×4=16	5×4=20
1×5=5	2×5=10	3×5=15	4×5=20	5×5=25
1×6=6	2×6=12	3×6=18	4×6=24	5×6=30
1×7=7	2×7=14	3×7=21	4×7=28	5×7=35
1×8=8	2×8=16	3×8=24	4×8=32	5×8=40
1×9=9	2×9=18	3×9=27	4×9=36	5×9=45
1×10=10	2×10=20	3×10=30	4×10=40	5×10=50

6	7	8	9	10
6×1=6	7×1=7	8×1=8	9×1=9	10×1=10
6×2=12	7×2=14	8×2=16	9×2=18	10×2=20
6×3=18	7×3=21	8×3=24	9×3=27	10×3=30
6×4=24	7×4=28	8×4=32	9×4=36	10×4=40
6×5=30	7×5=35	8×5=40	9×5=45	10×5=50
6×6=36	7×6=42	8×6=48	9×6=54	10×6=60
6×7=42	7×7=49	8×7=56	9×7=63	10×7=70
6×8=48	7×8=56	8×8=64	9×8=72	10×8=80
6×9=54	7×9=63	8×9=72	9×9=81	10×9=90
6×10=60	7×10=70	8×10=80	9×10=90	10×10=100

3 수포자는 초등 3학년 '분수'부터

분수는 어떤 정수를 0이 아닌 정수로 나눈 몫을 가로선(−)을 써서 나타낸 수입니다. 예를 들어, 정수 8을 0이 아닌 4로 나눈 몫을 $\frac{8}{4}$로 나타낸 수이지요.

분수의 가로선(−) 위쪽에 있는 수 8을 분자라고 하며, 아래쪽에 있는 수 4를 분모라고 합니다. 분자가 분모보다 작은 분수를 진분수라 하고, 특히 분자가 1인 분수는 단위 분수라고 합니다. 분자와 분모가 같거나, 분자가 분모보다 큰 분수를 가분수라고 합니다.

가분수는 다시 자연수와 진분수의 합으로 나타낼 수 있는데, 이를 대분수라고 합니다. 가분수 $\frac{7}{5}$은 $1+\frac{2}{5}$와 같으며, 이를 대분수로 나타내면, $1\frac{2}{5}$라 쓰고, '1과 5분의 2'라고 읽습니다.

이와 같은 **분수의 개념은 초등학교 3학년부터 등장하는데, 학생들이 분수의 개념을 배울 때 수학을 포기하는 수포자가 될 가능성이 높습니다.**

한국교육과정평가원의 '초·중학교 학습 부진 학생의 성장 과정에 대한 연구'에서는, 2017년부터 2020년까지 전국 초·중학교 7곳에 재학 중인 학습 부진 학생 50명을 대상으로 학습 부진 원인을 심층 면접 방식으로 조사했다고 합니다. 연구 결과에 따르면, 이 학생들의 공통점은 수학 과목에서 어려움을 겪고 있었다는 점인데, 특히 수학이 어려워지는 최초 시점으로 초등 3학년 분수 단원을 언급하였습니다. **학습 부진 학생 50명 중 48명이 수학의 '분수' 과정에서 학습 부진을 처음으로 경험하였다고 하네요.**

분수 개념은 초등 3학년 2학기 수학에 등장합니다. 분수 단원에서 배우는 것은 단위분수, 진분수, 가분수, 대분수의 개념이에요. 이러한 분수의 종류를 알고 난 뒤, 부분과 전체의 크기를 비교하고, 분모가 같은 분수의 합을 구하는 방법까지 배우게 되는 것이 분수 단원의 학습 목표입니다.

초등 1~2학년의 덧셈, 뺄셈, 곱셈 등은 보여지는 사물로 연산을 할 수 있지만, 분수는 자연수가 아니어서 구체적인 사물로 연산하는 것에 어려움을 느끼는 것입니다.

이때 중요한 점은, **분수 개념을 잘 모르고 분수 계산을 제대로 못하는 학생들은 점차적으로 수학 공부에 대한 자신감이 하락한다는 점입니다.** 극복하지 못하는 분수에서 좌절을 겪으면서, 수학에 대한 흥미가 급격히 떨어지는 것입니다.

분수의 개념을 제대로 익히지 않으면 점점 학년이 올라갈수록, 중·고등학교로 갈수록 관련 수학 단원이 나올 때 이해하기 어려워집니다. 참고로 4학년 1학기에는 분수의 덧셈과 뺄셈, 5학년 1학기에는 분수의 곱셈과 나눗셈이 등장합니다.

그리고 분수를 이해 못하면 분수와 연관있는 소수 또한 이해하지 못하여, 점차적으로 '수포자'가 될 가능성이 높아질 거예요.

분수에서 수포자 탈출 방법

1. 분수의 개념 정확히 파악하기
2. 분수의 연산 쉽게 배울 수 있는 방법 찾기
3. 초등 1, 2학년 때 기초적인 연산 충분히 이해하기
4. 오감각 활용하기, 실생활과 연계해 이해하기
5. 도움을 줄 수 있는 보조교사(부모님, 교사, 또래 친구) 활용

특히 중요한 점은, 초등 저학년(1~3학년) 시기가 아이들의 소근육(손을 이용한 운동) 발달과 연관이 깊다는 점입니다. 분수 단원에서 힘들어하지 않도록 학교나 가정에서 교과서뿐만 아니라 손을 사용하는 수학 도구를 통해서 학생이 분수 개념, 분수 계산의 어려운 부분을 극복할 수 있게 도와주면 좋겠어요.

막힐 때, 이해 못할 때 수포자로

막히거나 이해 못하는 수학 수업

수학 수업 시간에 학생들에게 종종 물어봅니다.

"여러분, 막히거나 이해가 되지 않으면 어떻게 해요?"

학생들은, "선생님이 바쁘시면 나중에 물어보거나 넘어가요.", "이해하지 못한 채로 다음 개념으로 넘어가는 경우가 많아요." 라고 답합니다.

수학 개념을 배우는 과정에서 어렵거나 이해가 되지 않는 부분에 대해 확실히 알고 넘어가는 습관이 필요합니다. 그렇지 못한 경우 수업 결손이 발생하고, 이는 누적되어 학생들이 넘어설 수 없는 분량으로 늘어나게 되지요.

이해 못한 부분, 내가 꼭 다시 봐야 될 핵심 개념 등은 차곡차곡 쌓여서 학생 혼자 감당하지 못하는 지경에 이르게 됩니다. 결국 수학의 흥미와 자신감이 떨어지게 되고, 수학을 포기하게 되는 또 하나의 요인이 됩니다.

또래 멘토를 활용하여 이해하는 수학으로

학교마다 수학을 어려워하는 학생들에게 수학을 좀 하는 학생들과 결연을 맺어 주는 '멘토-멘티' 방법으로 효과를 보는 경우가 많답니다. 이때 가르쳐 주는 멘토 학생과 배우는 멘티 학생이 잘 어울려야 공부도 재밌게 하고, 친해질 수 있는 기회가 됩니다. 반면, 어거지로 맺어진 멘토링은 더욱 수포자의 수렁으로 빠지게 할 수도 있으므로 유념해야 하지요.

중요한 것은, 수학 수업 시간에 막히지 않고 술술 넘어갈 수 있어야 한다는 것이고, 그런 수업 환경은 선생님들이 만들어 줘야 합니다.

● 무엇보다 수학 수업에 스토리가 있어야 한다

학생들에게 피드백을 받아 보면, "선생님, 지난주에 배운 수학 내용 중에 선생님이 알려 준 스토리는 각인되어 잊혀지지 않아요.", "지난번에 사례로 든 아프리카 물통의 쓰임새에 따라 물통의 부피를 구하는 문제가 연립이차방정식과 관련되어서 좋았어요."라고 합니다.

수학 수업을 준비할 때 알찬 스토리로 무장하고 수업 내용을 디자인하고 설계하면, 수학을 아무리 어려워하고 포기한 학생들도 귀를 쫑긋하고 이야기를 잘 듣지요.

살아 움직이는 스토리가 늘 존재하는 수업이, 일상생활과 관련된 스토리 수업이, 수학을 포기하는 학생들에게 희망의 등불이 될 것입니다. 저는 오늘도 학생들에게 들려줄 수학 스토리를 생활 속에서 찾고 있습니다.

5 베르테르 효과_수학에 대한 두려움, 두려움이 포기로

베르테르 효과_수학에 대한 두려움

예전에 그냥 통화만 되는 휴대폰이었던 시절에는 다들 가족이나 주요 친구들의 전화번호는 기억하고 지냈습니다. 요즘은 스마트폰으로 연락처에서 원하는 사람의 이름만 검색하거나 음성인식을 하면 금방 전화를 걸 수 있는 시대가 되었습니다. 사람의 수에 대한 기억력이 조금씩 퇴화되는 것으로 보는 학자들도 있을 정도입니다.

저는 수학 교사지만, 학교 주차장에 있는 차량이 누구의 차량인지 금방 알지 못합니다. 그런데 "1234번 렉스턴은 ○○○ 차량이에요.", "3456번 아반떼는 ●●● 차량이에요."라고 잘 맞추는 선생님이 계십니다. 이 선생님은 수적인 감각이 뛰어나지만, 어렸을 적에 일찌감치 수학을 포기했다고 해요. "수학에 대한 안 좋은 기억이 수학을 접하기도 전에 생겼어요. 그리고 수학 수업이 재미없고, 딱딱한 수업이다 보니 흥미도 잃었구요."라고 말하더군요.

과거에는 수학이 두려움의 존재였습니다. 학습을 시작하기도 전에 수학에 대한 여러 사람들의 부정적인 인식이 각인되었지요. 그래서 배우는 학생의 입장에서는 **'수학은 두려운 존재야.', '남들이**

어렵다고 하는데 큰일이네.', '바짝 긴장하고 수업에 임해야겠네.' 등을 생각하며 수학을 접한 분들이 많을 거예요.

한편, 가르치는 선생님의 입장에서는, 빡빡한 계산 문제 위주로 형성된 교과서를 학생들에게 전달해야만 했어요. 그러니 선생님도 선생님 나름대로 고충이 이만저만이 아니었답니다.

지금 학교 수학 선생님들은 예전보다는 나아진 교과서로 수업을 설계하고 디자인하지만, 그냥 교과서 그대로 진도만 나가면 엄청난 수포자를 만들 수 있답니다.

● 공부하다가 막히면 물어볼 사람이 있어야 한다

요즘은 공부하다가 물어볼 수 있는 사람들이 적잖이 있어서 그나마 다행이지만, 여전히 수학을 공부하다가 막히게 되는 경험을 누구나 한번쯤은 합니다. 어렵거나 이해가 되지 않는 경험들이 점점 쌓이게 되면, 이는 수학을 힘들어하고 싫어하는 계기가 될 수 있어요.

수포자가 되는 원인 중에 모르는 것을 물어볼 사람이 없을 때, 그 상황이 자주 반복될 때가 있습니다. "수학은 공포의 대상이고, 공부하다가 물어볼 친구나 선생님이 없어 바로 해결하지 못하고, 그것이 누적되면 수학에서 멀어지게 되더라구요."라고 말하는 학생들이 꽤 많아요.

수학을 재미있게 공부해야 하고, 질문이 살아 숨쉬는 교육이 되어야 한다고 생각합니다. 학생들의 호기심과 궁금증을 말끔히 해소해 주는 교육이어야 하는 것이지요.

요즘은 문과, 이과 선택에 따라 수학을 선택하거나 버리게 된다

많은 사람들이 이야기합니다. 우리나라 입시 정책에 따라 학생들이 과목을 선택하고 버린다구요. 또 심지어 중·고등학생들이 수학을 잘하고 못하는 것은 본인의 진로 결정에까지 영향을 줍니다.

"선생님, 저는 예체능이라 수학 포기했어요."

"저는 문과라 국, 영, 사탐만 해요."

이렇게 수학을 입시의 도구로 바라보는 인식과 정책이 수학의 재미를 없애는 요소가 됩니다.

건강한 수학 수업이 되려면, 수학 선생님들이 노력을 해야 된다고 생각합니다. 토시 하나 틀리지 않게 칠판에 판서하면서 가르치는 것은 수포자 양성의 지름길이지요. **학생들이 수학을 즐겁게 배우고, 익히고, 활용하도록 일상생활과 관련된 이야기로 수학 수업을 하는 등 전면적인 개편이 필요해요.**

학생들은 "선생님, 국어는 일상생활에서 우리가 늘 쓰는 언어이구요, 영어는 그나마 여기저기 말하거나 글로 읽을 수 있잖아요. 그런데 수학은 우리 생활에서 어디어디에 필요한지 모르겠어요."라고 볼멘소리를 합니다.

이러한 이야기들이 지금의 수학 교육에 시사하는 점이 많습니다. 우리 학생들에게 즐겁고 행복하고 재밌게 인생을 살아가는 힘을 줄 수 있는 수학 교육이 필요한 때입니다.

문 · 이과 통합형 수능

2022학년도 수능(수학능력시험)부터 '2015 교육과정 개정'에 따라 문 · 이과 통합형으로 치러진다.

- 국어와 수학 영역은 '공통과목+선택과목' 구조에 따라 공통과목에 필수(공통)로 응시함.
- 영역별 선택과목 중 1개 과목을 선택해 응시함.
- 국어 영역 선택과목은 화법과 작문, 언어와 매체 중 선택함.
- 수학 영역 선택과목은 확률과 통계, 미적분, 기하 중 선택함.

* 문 · 이과 구분을 없애고 선택과목을 늘린 것은 개인의 적성에 맞는 교육을 하자는 취지임.

** 단, 선택과목별 쏠림 현상은 교육적이지 않음.

6 흥미와 자신감을 잃어 가는 학생, 결국 수포자로

#흥미 #자신감 #교육과정 #학습량과다 #계산문제폭주

#이제는 #계산문제는 #계산기사용하는교육 #필요

#수포자 #수학시간이두려운학생들

선생님들은 "○○아, 너는 왜 못 푸니?", "내일 모레가 시험인데, 공부 안 해?", "선생님이 중요한 개념 설명하는데 딴짓할 거야?"라고 질문을 던집니다.

이런 질문을 받은 학생들은 십중팔구 "저 수학 싫어요.", "못 풀겠어요.", "수학 시험 그냥 한 번호로 찍을 거예요.", "못 따라가겠어요." 등의 답을 줍니다. 답하지 않고 무응답으로 일관하는 학생도 부지기수지요.

참으로 안타까운 교실 수업 상황입니다. 왜 학생들은 수학에 흥미와 자신감을 잃어만 가는 것일까요?

언론에서 우리나라가 수학 관련 대회에서 상위권에 입상하였다는 소식을 접하곤 합니다. 전 세계적으로 한국 학생들의 수학 실력이 탁월하다는 것을 매년 느끼고 있지요. 하지만 학년이 올라갈수록 수포자는 늘어만 갑니다. 왜 그럴까요?

초등학교 때 늘 100점이나 90점 이상을 받던 수학을 좋아하던 학생이 중학교, 고등학교에 올라가면 맥을 못 추고 나가떨어집니다. 그 이유는 간단합니다. 학생이 수학을 못해서가 아니라, 수학을 못하게 만드는 교육과정에 문제점이 있는 것이에요.

5년이나 10년 주기로 바뀌고 있는 국가 수준 교육과정에서 학생들의 부담을 덜어 주기 위해 학습 분담을 경감하는 조치를 취한다고 하지만, 실상은 교육과정 학습 분량을 조절하는 위원들이 제대로 수정하지 못하고 흉내만 내고 있습니다.

수학 교육과정상 배울 양이 많아서 학생, 교사들이 수학 선택을 없애거나 양을 줄일 것을 밝혔지만, 결국 그대로 살아남아서 학생들의 저주의 산물로 전락한 지 오래입니다. 교육과정이 변경되었어도 학생들의 학습량 부담은 여전합니다. 교과서 분량이 축소되었다고 하더라도, 내용은 여전히 그대로 살아 움직이고 있어요. 학생, 교사, 학부모들도 입을 모아 "교육과정이 변경되고 학습량이 줄어들었다고 하지만, 실상은 압축된 내용으로 오히려 학생들이 따라가기 벅찬 구조에요."라고 말합니다.

학생들은 학년이 올라갈수록, 진학을 할수록 점점 수학에 흥미와 자신감을 잃어 갑니다. 재미도 없고, 벅찬 학습량과 판에 박힌 문제풀이에 지친 것이지요. 이제, 학생들에게 수학 활동의 흥미와 자신감을 심어 줄 수 있는 스토리텔링 수학이 필요합니다.

그냥 편하게 "여러분이 오늘 배우게 되는 ◯◯은 우리 생활의 ●● 부분에 필요한 내용이에요.", "이번 단원에서는 많은 양의 계산력을 요구하는데, 미국 등 선진국에서는 계산기 사용을 허용해요.", "너무 많이 계산 문제를 푸는 것은 좋지 않은 공부 방법이에요."라고 하면서, 학생들에게 흥미와 자신감과 '할 수 있다!'는 용기를 북돋아 줘야 됩니다.

한국 수학에서는 계산 문제가 차지하는 비중이 높습니다. 그래서 학생들을 계산 문제로 지치게 하고, 수포자가 되도록 만들지요. **꼭 필요한 계산 문제는 많이 풀어도 되지만, 과도한 계산 풀이는 수포자가 되는 지름길이기도 합니다.**

학생들 옆에서 누군가가 "이 부분은 이 정도만 하면 될 거야." 라고 조언을 해 줘야 합니다. 그래야만 학생들이 수학을 포기하지 않고, 흥미와 자신감을 가지고 공부할 수 있어요. 그런 의미에서 앞으로 우리나라도 수포자 방지를 위해 '계산기' 사용을 부분적으로 허용해야 합니다.

"그렇다고 해도 우리 학생들이 계산기에 종속되는 일은 없어야 합니다!"

내 기분은 zero
내가 외로운것 처럼,
0도 외롭겠지.
0+0=0 이라는 숫자가 되어버린다.
0은 "고독."
내 기분은 zero,
zero는 0-0=0,
0=zero,
가끔씩 혼자가 되어버린다.
마치 "0"처럼.
고독에 가득찬 "0"
허공에 버려진 "0"
내기분은 zero "0"
마치 "0"처럼 되어버린다...

제2장

수포자에서 탈출하기

1 결국 수학 시험도 풀어야 수포자 탈출

"선생님, 저는 눈으로 문제를 풀어요."

"모르는 문제는 그냥 넘어가요."

"쉬운 문제는 손으로 풀지 않고 눈으로 풀어요."

"선생님, 풀다가 막히면 귀찮아서 그냥 넘어가게 돼요."

수포자들의 상담 사례를 살펴보면, 대부분 문제를 풀기 싫어합니다. 수학을 공부할 때 늘 등장하는 것이 배운 내용을 확인하는 문제잖아요. 난이도에 따라 쉬운 문제는 눈으로도 풀지만, 어려운 문제는 풀다가 막히면 그냥 넘어가게 됩니다. 이것이 반복되면 학생들이 수학을 포기하는 원인이 된답니다.

본인이 직접 연필이나 볼펜을 잡고 수학 문제를 손수 풀어 봐야 하지만 귀찮고, 막힐 때 물어볼 사람도 옆에 없으면 대부분의 경우 쉽게 포기합니다. 이렇게 포기하는 횟수가 늘어나게 되면 수학은 관심에서 멀어질 수밖에 없을 것입니다.

그렇지만 너무나 가혹하게 문제를 많이 풀어 보라는 것은 아닙니다. 필요 이상으로 과도한 문제를 푸는 것은 수학을 망치는 일입니다. **적당한 난이도의 문제를 직접 손으로 느끼면서 해결하는 과정들이 쌓여야 수학의 기초가 튼튼하게 됩니다.**

학생들의 문제를 대하는 태도는 다양합니다.

"저는 문제를 보면 부담스러워요."

"처음 부분에 나오는 문제는 쉽다는 것을 인지하고 풀어요."

"저는 문제를 풀지 않아도 이 문제는 제가 풀 수 없음을 알게 돼요." 등의 반응을 보이지요.

이는 문제를 대하는 태도에 이미 편견과 선입견을 갖고 있다는 것인데, 이로 인해 수학에 대한 자신감이 하락합니다. **자신감 있게 문제를 대하고 해결하려면, 뭐니 뭐니 해도 관련 문제를 풀어 봐야 합니다.**

또 학생들 대부분은 다음과 같은 이야기를 합니다.

"선생님, 다른 과목은 적당히 눈으로 보고 이해하면 풀리는데요. 수학은…."

"수학은 손이 아플 정도로 문제를 풀다 보니 지쳐요."

"수학 문제를 손으로 풀지 않고도 해결했으면 해요."

이렇게 힘듦과 어려움을 토로하는데, 일리가 있는 주장이기도 해서 애처로운 마음이 들기도 해요.

수학은 정직한 결실을 맺는 과목이라고 합니다. 이 말의 속뜻은, 매사에 최선을 다해서 수학 문제를 해결해야 한다는 것입니다. 노력하지 않고 달콤한 열매만을 먹는 습관은 수학을 포기하는 행위인 것이지요. 따라서 수학 문제를 직접 손으로 느끼면서 풀어 보는 습관을 지녀야 합니다.

그런데 막혀서 풀지 않고 남겨 둔 수학 문제들이 차곡차곡 쌓이게 된다면, 그것이 여러분들에게 부메랑이 되어 돌아와 수학을 포기하게 만들지도 모릅니다. **수학을 포기하지 않고 성공하는**

지름길은 바로, 여러분이 손끝으로 느끼면서 쉬운 문제부터 어려운 문제까지 끈기를 가지고 접근하는 것입니다.

특히, 스스로 문제를 풀면서 해결하지 못하는 상황이 생기게 되면, 당황하지 말고 충분히 시간을 갖고 고민을 거쳐 해결되도록 해야 됩니다. 여러 번 생각해도 문제를 해결할 수 없는 상황이 발생하면, 수학책을 보며 해결해 보고, 그래도 해결되지 않으면 주변의 멘토들에게 도움을 요청해서 반드시 이해하고 넘어가야 됩니다.

학생들은 보통 쉬운 문제, 해결할 수 있는 문제만을 풀게 되는데, 그로 인해 다음과 같이 말합니다.

"제가 풀지 못하는 문제만 늘 틀려요."

"어려워 보이는 문제도 풀이과정을 보면, 정말로 쉬운 문제였더라구요."

눈으로 보기에는 어렵고 풀기 싫은 문제이지만, 막상 해결하고 성취감을 느끼게 되면 쉬운 문제일 수 있습니다. 어려워 보이는 문제도 쉽게 해결하려면, 몸으로 느끼면서 꼭 풀어 봐야 합니다. 그러면 다양한 패턴의 문제들도 평소에 풀어 본 느낌을 이용하여 감각적으로 풀 수 있답니다.

2 차라리 오답노트를 만들지 마라?

수학을 공부하면서 등장하는 다양한 문제, 또는 시험을 보고 틀렸던 문제 등을 모아서 오답노트를 만들게 되는데, 잘못 만들다가 낭패를 보기 십상입니다.

"남들이 오답노트를 만들어서 저도 해야 되는 것으로 알고 만들었어요."

"오답노트 만드는 데 너무나 많은 시간이 필요해요"

"이걸 왜 만드는지 저도 모르겠어요."

"처음에 몇 번 틀린 문제를 복사하거나 오려 붙였는데, 이제 하지 않아요."

이렇게 오답노트에 실패한 학생들이 많습니다. 효율적으로 수학 공부를 해야 하는 학생들이 오답노트를 만능 노트처럼 맹신하다 공부하는 시간도 뺏기고, 왜 하는지도 모르는 난처한 상황에 빠지게 되는 것이지요. 그러다 결국 "차라리 오답노트를 만들지 말고 공부를 더 할 걸 그랬어요."라고 합니다.

대부분의 학생들이 수학을 공부하면서 의욕적으로 오답노트를 만들려고 해서 수많은 공부 시간을 날려 버립니다. 오답노트를 만들게 되는 사연은 아래와 같습니다.

"주변의 선생님들이 꼭 만들라고 이야기해요."

"수학을 잘하는 친구들은 오답노트가 있어요."

"그래서 저도 오답노트를 만들어야 한다는 강박관념이 생겨요."

학교에서 보면, 수학을 잘하는 상위권이나 중위권 학생이 아닌데도 오답노트 만드는 데 너무나 많은 시간을 보내는 학생들이 있습니다. 자신이 어려워하거나 틀린 문제를 직접 쓰고 풀이 과정도 적으면서 오답노트 제작에 공을 들이다 보니, 정작 중요한 수학 공부를 소홀히 하게 되는 것입니다. 물론 오답노트가 만들어진 것을 보고 뿌듯함을 느낀다고 하는 학생들도 있어요. 그런데 버겁게 시간을 투자해서 만든 오답노트는 그만한 가치가 있을까 한번 곰곰이 생각해 볼 필요가 있습니다.

여러분, 오답노트의 목적은 무엇일까요?

바로 효율적인 공부를 가능하게 해 준다는 것이에요. 혹시라도 오답노트가 나의 공부 시간을 뺏는 존재가 된다면, 차라리 만들지 않는 것이 좋습니다.

학생들은 다음과 같은 질문을 자주 합니다.

"선생님, 틀린 문제는 모조리 오답노트에 정리해야 하나요?"

"제가 지금 보고 있는 문제집을 몇 번 풀어 보고 정리할까요?"

오답노트는 한 번 틀린 문제를 모두 정리하는 노트가 아닙니다. 그렇게 정리한다면 공부를 거의 할 수 없게 될 것이며, 수학을 점점 싫어하게 될 것입니다. 실수로 틀린 문제도 있고, 시험에선 못 풀었는데 막상 다시 보면 술술 풀리는 문제들도 있지요. 이와 같은 문제들은 오답노트에 정리하지 않아야 됩니다.

오답노트는 최소한으로 정리하는 노트여야 합니다. 여러분이 **문제집에서 틀린 문제를 다시 푸는 과정을 거치면서 최소한 2번이나 3번 이상 틀렸던 문제만을 선별하여 정리하는 것이 올바른 오답노트 사용법이랍니다.**

"선생님, 혹시 오답노트를 정리하지 않고 할 수 있는 방법은 없을까요?"

물론 있습니다. 따로 시간을 낭비하지 않고 문제집이나 시험지를 오답노트처럼 활용하면 됩니다. 본인이 여러 번 틀린 문제를 자신이 알아볼 수 있도록 ○, × 등으로 표시해 둡니다. 예를 들어, 두 번이나 세 번 이상 틀린 문제 근처에 ×표시를 틀린 횟수만큼 체크해 두면, 그것이 바로 오답노트가 되는 것입니다.

또 학생들은 "오답노트는 언제 만들까요?"라고 자주 물어봅니다. 그러면 "어, 너의 실력이 충분할 때 만들어도 늦지 않으니 만들려고 노력하지 않아도 돼."라고 격려를 해 주지요.

수학의 재미와 흥미를 없애는 장애물이 오답노트인 경우가 많습니다. 수학을 잘 못하는 학생에게는 오답노트가 중요하지 않고, 개념, 원리, 법칙 등을 이해하는 것이 급선무인데, 엉뚱하게 틀린 문제만 잔뜩 오답노트에 정리하느라 시간을 허비하는 것입니다.

오답노트는 나만의 특별한 노트여야 합니다. 내가 문제를 풀면서 잦은 실수로 늘 틀리는 문제의 틀린 이유나 취약한 부분을 분석하고, 나만의 풀이과정과 다른 풀이과정을 비교하여 나의 부족함을 찾아야 합니다. 다시 말해, 오답노트를 통해 나의 부족한 것을 발견해야 되는 것이지요.

그럼, 오답노트 만드는 데 많은 시간을 투자해야 할까요?

저는 "전혀 아닙니다."라고 답합니다. 시간은 소중한 것이지요. 진정한 오답노트는 적은 시간을 들여, 최대의 만족을 누릴 수 있어야 합니다. 내가 많은 단원을 복습할 때, 만들어 놓은 오답노트만 보면 되도록 하여 상당한 시간을 절약할 수 있어야 합니다.

일부 학생들은 매번 틀리는 문제가 많은데도, 한 가지 문제집이 끝나면 피드백을 하지 않고, 곧바로 다른 문제집을 구입하여 똑같은 실수를 반복합니다. 이는 한 권의 문제집만 여러 차례 반복하는 것보다 안 좋은 방법이랍니다. **한 권의 수학책이라도 나의 수준에 맞는 문제집이라면, 두세 번씩 반복하여 풀어 보면서 연속해서 틀린 문제들을 정리하는 오답노트가 되어야 합니다.**

오답노트를 문구점이나 서점에서 판매하는 특별한 노트로 제작하는 것도 중요하지 않습니다. 정말 중요한 점은, 나의 수학 실력을 키워 줄 수 있는 것은 무엇이든지 오답노트가 될 수 있다는 것입니다.

자신이 즐겨 보는 수학 교과서, 수학 문제집, 수학 참고서 자체를 좋은 오답노트로 만들어서 활용하면, 시간 절약도 되고 수학 실력도 상승하는 효과를 볼 수 있답니다. 불필요한 문제들만 잔뜩 복사하여 오려 붙인 오답노트는 학생들이 수학을 포기하게 만드는 요인이라는 점을 잊지 말아야 합니다.

3 모르는 것은 친구, 선생님, 부모님을 활용하자

"선생님, 제가 모르는 것을 물어볼 수 있는 사람들이 없어요."

"질문할 사람들이 주변에 없으니 수학을 포기하게 돼요."

"궁금해 죽겠는데, 즉시 피드백해 주는 친구나 선생님이 곁에 없어요."

학생들이 종종 이러한 하소연을 합니다. 수학을 공부하다가 궁금하거나 모르는 부분을 알려 줄 수 있는 사람이 있다면, 수학을 포기하지 않았을 것이라는 말이기도 하지요. 그런데 이 부분이 상당히 중요한 지점입니다.

"제가 모르는 것을 옆 짝꿍이 친절하게 설명해 줘서 이해가 되니 뿌듯해요."

"선생님이 수업 시간에 모둠별로 순회하다가 저에게 다가오셨을 때 모르는 것을 질문하니 쉽게 알려 주셔서 좋았어요."

"누군가 저에게 관심을 주고 제가 궁금한 것을 알려 주니 수학이 재밌어요."

"다른 친구들이 저에게 질문을 해서 제가 설명을 해 줬는데, 오히려 저에게 공부가 되는 것 같아요."

학생들은 누군가 질문을 하면 그 부분을 다시 손으로 쓰게 되고, 눈으로 보고, 머리로 이해하게 됩니다. 이와 같은 질문의 과정을 통해서 자연스럽게 수학에 대한 논의가 활발히 진행되어 개념, 원리, 법칙 등을 확실하게 이해할 수 있습니다. **꾸준히 서로 질문하는 수학 공부를 통해 나뿐만 아니라 주변 친구들도 함께 수학 실력이 향상되는 것이지요.**

수학을 포기하는 학생들은 이렇게 말합니다.

"누군가가 저에게 손 내밀고 알려 줬으면 이렇게 지금처럼 수포자가 되지는 않았을 거예요."

"쑥스럽고 부담스러워서 질문하지 않았던 것들이 누적되어 저를 괴롭혔어요."

"제가 모르는 것들이 쌓이면서 그냥 넘어가다 보니 수학이 싫어졌어요."

참으로 안타까운 심정입니다.

수학뿐만 아니라 모든 교과에서 질문은 너무나 중요한 공부 방법입니다. 질문이 없는 수학 공부는 상상할 수 없는 정도이지요. 질문을 통한 공부의 장점은 서로 말하고, 듣고, 쓰고, 느낄 수 있다는 점입니다. 내가 모르는 것을 상대방이 설명해 주는 과정을 통해 이해할 수 있고, 거꾸로 내가 아는 것을 상대방에게 알려 줄 수 있어서 수학이라는 과목이 딱딱하지 않고 즐길 수 있는 학문이 될 수 있습니다.

'질문'은 수학 포기자에서 탈출하는 중요한 비법 중 하나입니다. 내성적이거나 귀찮아서 질문에 소홀히 하는 순간, 수학을 포기하게 되는 것이지요. 포기하지 않고 수학에서 성공하는 길은 질문을 하는 것입니다. **내 주변의 많은 사람들이 나의 멘토이고 스승이 될 수 있습니다.**

여러분이 지금 수학 공부를 하면서 질문을 하고 있는지 생각해 봅시다. 여러분은 집이나 학교에서 수학에 대한 질문을 하고 있나요?

수학에서는 예습과 복습이 중요합니다. 그런데 예습과 복습을 스스로 진행하다 보면, 막히는 상황에 직면하게 됩니다. 이럴 때 나의 주변 사람을 생각해 보고, 질문하는 훈련을 하는 것이 중요합니다.

집에서는 부모님이 내 수학 질문의 능숙한 답변자가 될 수 있지요. 학교에서는 선생님이나 우리 반 학생들이, 학원이나 과외 장소에서는 나를 지도하는 선생님이 나의 완벽한 수학 성공 파트너가 되는 것입니다.

'뻔뻔한 사람이 수학 실력이 향상된다.'라고 합니다. 부끄럽고 부담스러워도 나의 수학 공부를 위해 주변 사람들에게 끊임없이 질문하는 것이 정말 중요하다는 것입니다. **질문이 살아 숨 쉬는 공부는 학생 여러분들의 수학을 성공으로 안내할 것입니다.**

4 수학 문제집, 참고서 구입은 신중히

수학 문제집이나 참고서 등을 잘못 구입해서 시간만 낭비하고 결국 수학을 포기하는 경우도 많습니다. 학생들은 부모님이 추천하거나 친구들이 사용하는 문제집과 참고서에 영향을 많이 받아요.

"어, 나는 ○○ 출판사의 ◇◇ 문제집이야."

"아이가 공부 잘한다는 엄마 친구가 추천해 줬대."

"우리 반 아이들 절반이 이 문제집이야."

이러한 이유들로 자신의 실력과 상관없이 책을 구입하게 됩니다. 그런데 이는 아주 위험한 발상이에요. 남들이 좋아하는 책, 많이 구입하는 책이 나에게도 맞을 것이라는 보장이 없다는 말입니다.

내 수준에 잘 맞는 문제집이나 참고서 등을 구입하여 사용해야 합니다. 나에게 맞는 것을 구분하기 힘든 저학년의 경우에는 책을 고르는 부모님의 역할이 중요해요. 자녀의 눈높이 수준을 생각하지 않고 구입하는 것은 곤란합니다. 반드시 자녀의 수준을 체크하고 같이 서점에 가서 골라야 합니다.

원래 가장 좋은 방법은 문제집이나 참고서의 소단원 1개 정도를 풀어 보거나 읽어 보는 활동 등을 통해서 구입하는 것인데, 실질적으로 서점에서 풀어 볼 수 있는 시간적인 여유는 없지요. 그래서 가능하면 아이와 학부모님이 같이 소단원에 대해 살펴보고 훑어보는 과정을 거쳐서 구입을 해야, 수학을 배우는 재미를 느낄 수 있을 것입니다.

"선생님, 저는 얘가 사용하는 문제집을 사서 보는데, 수준이 저랑 달라 고민이에요."

"제 수준보다 너무 쉬운 문제집이라 다른 문제집이 필요해요."

"잘못 구입했어요. 너무 어려워요."

현장에서 학생들을 지도하다 보면, 학생들이 이러한 하소연을 합니다. **수준에 맞지 않는 문제집이나 참고서가 오히려 수학 공부를 방해하는 독버섯이 된 것이에요.**

자신에게 꼭 맞는 수학책을 선택하는 것은 수학을 공부하는 데 있어 매우 중요한 과정이랍니다. 교과서만으로는 공부하기 부족하거나 참고할 만한 책이 필요할 때 수학책을 구입하는데, 수준에 맞지 않으면 큰 어려움에 직면하겠지요. 또 불필요한 수학책 구입으로 쓸데없는 시간을 낭비하는 경우도 발생할 거예요. 공부 시간도 허비하고, 무엇보다 수학에 흥미를 잃고 수학을 싫어하는 경우가 생기는 것입니다. 이 때문에 바로 수포자가 될 수 있는 것이지요.

그래서 수학을 즐겁게 배우려면, 본인 수준에 맞는 수학책을 구입해야 합니다. 요즘은 인터넷이 발달하여 네이버나 구글 등 인터넷 사이트에서 필요한 부분을 검색해 보고, 그 결과를 활용할 수도 있습니다. 또 **수학 문제집의 경우 본인에게 맞는 쉬운 문제 30%, 그다음 중간 단계의 문제 40%, 어려운 수준의 문제 30%로 이루어진 수학책을 권장합니다.** 내 수준에 맞는 수학책을 선택하는 것은 수학을 배우는 데 있어 가장 기본적이고 중요한 부분입니다. 이 부분을 놓치면 수학 공부에 실패합니다.

"많이 팔린 수학책이다.", "진학에 큰 도움이 되었다는 그 책이다." 등에 현혹되어 따라가기 힘든 수학책을 선택하면 안 됩니다. 자신의 수학 수준은 본인이 제일 잘 알고 있을 거예요. 무엇보다 부모님의 역할도 중요합니다. 느리더라도 차근차근 수준에 맞는 학습을 할 수 있게 격려해 주세요.

그리고 수준에 맞는 수학 문제집이나 참고서를 선택하여 끝까지 보는 자세도 중요해요. 책을 구입하고 앞 단원만 공부한 흔적이 있는 경우가 많습니다. 이는 본인 수준에 맞지 않는 책을 선택해서 벌어지는 일이기도 합니다.

여러분, 지금부터라도 내 자신 또는 내 자녀의 수준에 맞는 수학책으로 공부하고 있는지 생각해 봐야 됩니다. 수학 포기자에서 탈출하는 방법은 내 수준에 맞는 수학책의 구입에서부터 출발함을 명심합시다.

친구따라 수학책 구입하지 마세요, 꼭이요!

5 편식은 영양분 결핍을 가져와요

학교에서나 학원에서, 과외에서도 "얘들아, 수학 공부할 때 중요한 부분 위주로 공부해."라는 말을 흔히 듣습니다. 그런데 이것은 엄청난 오류를 범하는 일입니다.

쉽게 단원의 핵심 부분을 파악할 수 있도록 색깔 표시, 글자체, 글자 포인트, 네모 박스, 동그란 모양 등으로 책을 보는 독자들에게 "여러분, 이것만 봐 주세요."라고 유혹을 합니다. 수학 교과서, 수학 문제집, 수학 참고서 등 모두 마찬가지예요. 하지만 이는 수학의 재미를 느끼지 못하고 수포자가 되는 지름길이 될 수 있습니다.

배우는 수학 단원에 대한 개념, 원리, 법칙 등이 유도되는 과정은 알지 못하고, 무턱대고 보고 외우기만 하다 보니 수학을 포기하게 되는 것이지요. 학생들은 다음과 같이 말을 합니다.

"선생님, 중요한 요점 위주로만 보게 돼요."

"여러 과목을 공부해야 하니 꼭 필요한 정리 내용만 봐요."

"당장 시험이 가까워서 전체 내용을 볼 수가 없어요."

각 단원에서 보여지는 학습 목표에 맞는 내용의 흐름, 전개되는 과정 등을 이해하고 터득해야 최종적인 개념, 원리, 법칙 등을 쉽게 파악할 수 있습니다. 그러한 과정을 제외하고 속칭 엑기스라는 요점만 보고 외우는 것은 단기적으로는 문제 해결이나 시험에서 유리할 수 있지만, 장기적으로는 수학을 포기하고 흥미를 잃게 하는 원인이 된답니다.

물론 수학을 알려 주는 학교의 교사, 학원의 강사, 과외 교사 등도 중요 부분 위주로 공부하라는 편견을 심어 주기도 합니다.

"단기적으로 학생의 성적을 향상시키려면 그 방법밖에 없다."

"어쩔 수 없어요. 워낙 기초가 없다 보니 진도 따라가려면…."

하지만 '늦을수록 돌아가라.'는 말이 있습니다. 원칙에 충실한 공부 방법이 수학에서 성공하게 합니다. **학습한 내용에 대한 개념, 원리, 법칙 등이 논리적으로 서술된 과정, 수학적 용어 또는 공식이나 법칙이 탄생한 이야기, 증명하는 과정 등을 아는 것이 우선되어야 합니다.** 무엇보다 다른 사람의 도움을 통해 공부하더라도, 스스로가 '왜 이런 개념, 원리, 법칙 등이 등장했을까?'라는 궁금증을 갖고 그 원인을 찾아보는 과정이 중요하답니다.

그리고 단원에서 중요한 내용들이 정리되기 전에 전개되는 이야기를 귀담아 들을 필요가 있어요. 스토리가 머릿속에 들어가면 외웠던 개념, 원리, 법칙 등이 생각나지 않아도 쉽게 스스로 유추할 수 있고, 다시 보면 이해할 수 있게 되기 때문입니다.

수학책은 여러분들에게 "제발 정리되고 요약된 저만 바라봐 주세요."라고 손짓합니다. 하지만 이것만을 공부하면 수학에서 멀어지는 지름길임을 잊지 마세요. 결과만을 보고 외우는 학습 활동은 수박 겉핥기와 같습니다.

결과가 나오게 된 과정을 중요시하는 공부 방법으로 바꿔 보세요. 그러면 수학 공부가 재미있고, 흥미로워지는 놀라운 현상을 느끼게 된답니다.

여러분은 종종 유행하는 드라마나 영화에 대한 짤막한 내용 소개를 듣게 됩니다. 일명 '스포'라고 하지요. 스포는 '드라마나 영화의 결말이 어떻게 된다.'라는 식이에요. 그런데 막상 드라마나 영화를 처음부터 보게 되면, 스포가 전부가 아님을 발견합니다. 그 속에 내재된 다양한 상황을 마주하게 되면, 점점 흥미가 더해져서 드라마나 영화를 끝까지 보게 됩니다.

수학 공부에서도 흥미를 잃지 않고 호기심과 자극을 느끼려면, 편식하는 공부는 이제 그만두어야 합니다. 편식은 영양분 결핍을 가져오거든요. 수학책을 골고루 공부하는 습관이 수학 공부에 성공하는 비결입니다.

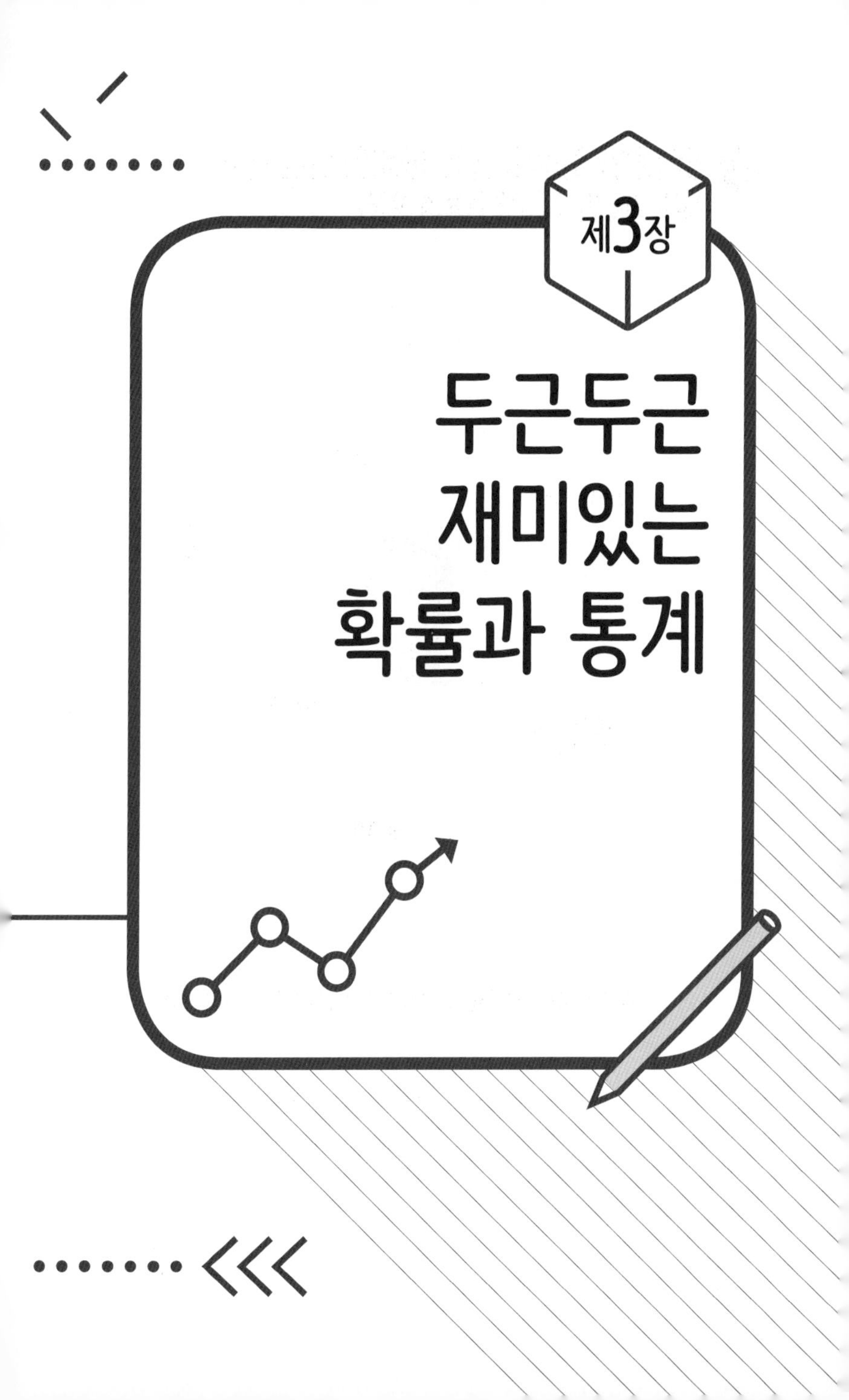

제3장

두근두근 재미있는 확률과 통계

1 6단계만 거치면 아는 사람이 되는 법칙 (중2 경우의 수, 고2 확률과 통계)

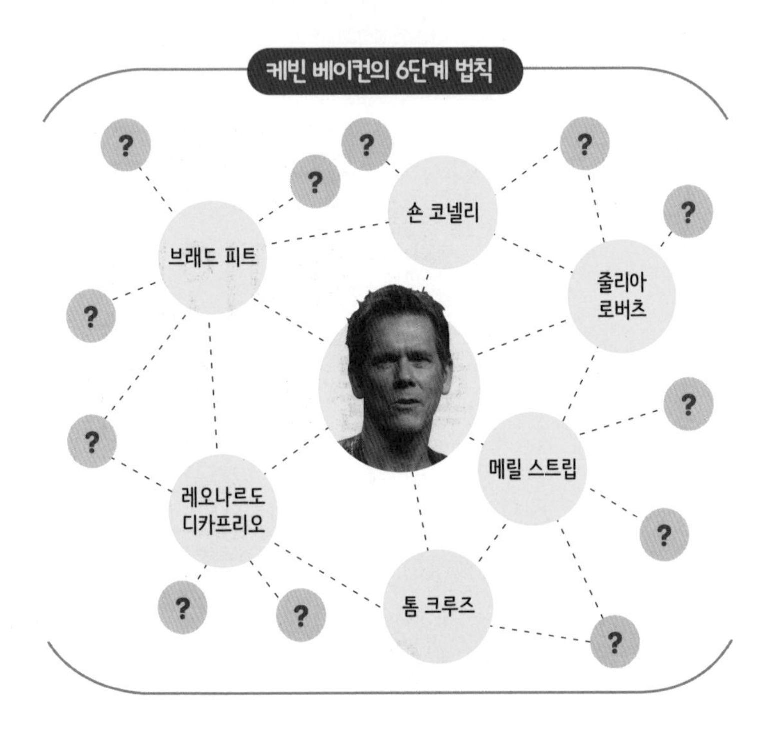

'이 세상의 모든 사람들은 6단계만 거치면 다 아는 사람이다.'

여러분은 6개의 단계만 거치면 지구촌 대부분의 사람들과 연결이 됩니다. 신기한 이 이론이 바로 '케빈 베이컨의 6단계 법칙'입니다.

여러분이 거주하는 지역의 시장이나 군수와 나는 몇 단계를 거치면 알게 될까요?, 여러분이 좋아하는 방탄소년단의 멤버들과는 몇 단계만에 연결이 될까요? 참 궁금하지요?

'케빈 베이컨의 법칙'은 한 영화배우를 지목하여, 그 영화배우가 몇 단계만에 케빈 베이컨과 연결되는지 찾아내는 것입니다. 가장 짧게 연결되는 경로를 찾는 사람이 이기는 게임이라고 볼 수 있어요. 이 법칙의 핵심은 많은 영화에 출연한 유명배우를 먼저 찾아내는 것이랍니다. 물론 가장 중요한 점은, 어떠한 배우라도 6단계 안에 대부분 끝이 난다는 사실이에요.

이 조사는 최근 15년간의 할리우드 영화에 한정시켰을 때 나온 수치라고 합니다. 1930년대에 나온 영화와 연결시키려고 하면 가능하겠지만, 최신 영화와 연결하기는 힘들 거예요. 조사 표본은 대략 16만 명 정도인데, 실제 대상 16만 5천 6백 81명 중 7명을 제외하고는 모두 베이컨 지수가 6이하였다고 하니, 정말로 놀라운 발견입니다.

현재 이 법칙은 네트워크 이론을 설명하는 유명한 이론이 되었어요. 단 한 번만이라도 만났던 사람들은 모두 6단계만 거치면 연결될 수 있다는 수학적 이론의 토대가 되었다네요.

지구촌 세상은 참으로 좁은 네트워크로 이루어졌지요? 여러분들은 이제 대통령, 장관, 도지사, 시장, 연예인 등 유명하거나 여러분이 좋아하는 사람들과 연결되어 있음을 알 수 있답니다.

● 사라진 행운의 편지 _아이스 버킷 챌린지

아이스 버킷 챌린지는 루게릭병 재단에 기부하거나, 얼음물을 뒤집어쓴 다음 몇 사람을 지목하여 계속 캠페인을 이어나가는 활동입니다. 챌린지에 도전하는 사람이 자신이 알고 있는 사람들을 지정하면, 그 지정된 다음 도전자가 기부도 하고 얼음물도 뒤집어쓰는 것이지요.

미국에서 시작된 이 기부 이벤트는 미국 루게릭병 재단에서 기획한, 참가자들이 얼음물을 뒤집어쓴 뒤 다음 3명을 지목하여 동참하게 하는 캠페인으로, 기부금은 100달러였다고 합니다.

● 영화에서도, 아름다운 세상을 위하여

소설을 원작으로 하는 영화 '아름다운 세상을 위하여'도 네트워크 이론을 기초로 한 영화입니다. **한 사람에서 시작해서 끊임없이 그려지는 피라미드 네트워크로, 한 사람이 3명에게 선행을 베풀고, 그 3명이 전혀 다른 3명에게 선행을 베푸는 방식입니다.**

여기서 핵심은, 선행을 받은 사람이 베푼 사람에게 선행을 되갚지 않는 것입니다. 밑으로 3명에게 선행을 베풀면서 받은 은혜를 갚아 나간다는 것이에요. 이렇게 하면 할수록 기하급수적으로 세상 모두가 선행을 하는 사람으로 바뀌겠지요?

2 순간의 선택, 경우의 수 (중2 경우의 수)

● 올바른 선택의 길잡이, 경우의 수

우리는 매일매일 선택의 순간을 맞이하게 됩니다. 예를 들어, '오늘은 편의점에서 어떤 물건을 살까?', '어떤 옷을 입을까?', '어떤 교통수단을 이용할까?', '친구를 만나면 무엇을 할까?', '가위바위보를 할 때 무엇을 낼까?' 등 무수히 많은 선택을 매순간 하게 되지요. 우리는 상황에 따라 나타날 수 있는 여러 경우를 생각한 뒤 합리적으로 선택하게 됩니다.

그리고 **평소에 경험했던 사실을 기초로 선택을 할 때도 있는데, 이때 통계와 확률 자료의 분석을 통해 좀 더 알맞은 선택을 할 수 있습니다.** 이럴 때 수학은 참으로 유용하게 사용될 수 있지요.

가령, "오늘은 일기예보에서 비가 내릴 확률이 70%라고 했으니 우산을 준비해야겠어.", "우리나라가 축구 경기에서 상대팀을 이길 확률이 60%이니 편안하게 즐기며 봐도 되겠어.", "농구선수 ○○○은 자유투 성공률이 80%이니 이 선수의 득점 가능성이 높아." 등으로 예측할 수 있어 생활이 편리해집니다.

사람들은 다가올 미래에 대해 예측하는 것을 좋아합니다. 또 일어날 수 있는 모든 경우의 수를 미리 생각해서 운동이나 게임을 할 때 상대방에게 이기거나 질 수 있는 가능성이 높음을 예상하게 됩니다. 이처럼 확률과 통계는 우리 일상생활에서 예측 가능성을 높여 주고, 경우의 수에 대한 즐거움이나 슬픔을 주기도 합니다.

앞으로 불확실한 미래를 예측하려는 사람들의 욕구는 점차 커질 것이며, 그만큼 확률과 통계의 중요성도 부각될 것입니다.

빅데이터(Big Data)

- 빅데이터는 기존의 관리 방법이나 분석 체계로는 처리하기 어려운 엄청난 양의 데이터를 뜻함.
- 1880년대 미국에서 나온 용어로, 시대에 따라 빅데이터의 개념이 바뀌고 있음.
- 기업이나 정부, 포털 등의 빅데이터를 효과적으로 분석함으로써 미래를 예측해 최적의 대응 방안을 찾고, 이를 수익으로 연결하여 새로운 가치를 창출함.

출처: 매경시사용어사전

3 로또, 큰수의 법칙

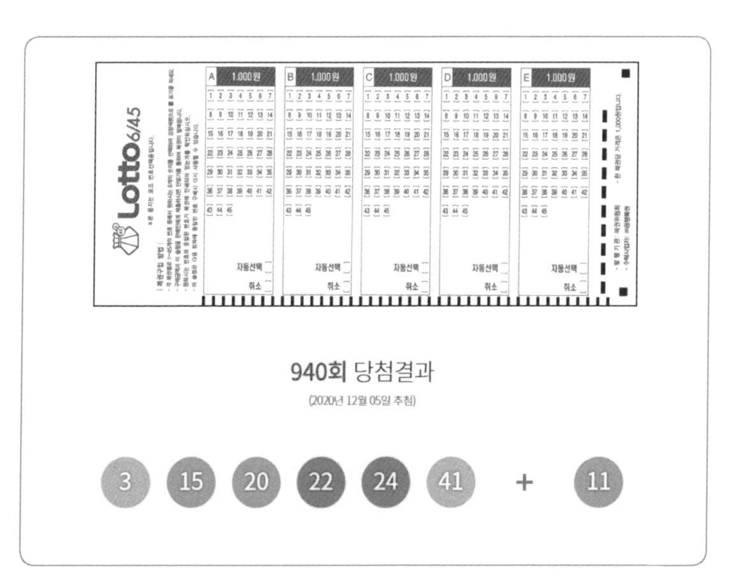

▲ 2020년 12월 5일 한국 940회 로또 당첨 번호

당첨 사례

로또는 전 세계적으로 시행하고 있는 대표적인 복권입니다.

캐나다에서는 무려 50여 년 동안 같은 번호로만 로또를 산 사람이, 90세에 60억이 넘는 로또에 당첨된 경우가 있었습니다. 당사자는 "살아 있을 때 당첨된 게 어디냐?"며 기뻐하면서, "죽기 전에 하고 싶던 요트 여행을 하다가 죽을 것"이라고 요트를 사서

바다로 나갔다고 합니다.

이탈리아에서는 그곳에 관광을 갔던 30살의 스페인 여성이 로또 1등에 혼자 당첨되어, 1조 원이 넘는 당첨금을 수령했습니다. 이탈리아는 복권 당첨금이 면세여서, 그 여성은 당첨된 즉시 이탈리아로 귀화했다고 합니다. 이탈리아의 로또 당첨 확률은 6/90으로, 6/45인 우리나라의 로또보다 당첨될 확률이 훨씬 희박하다고 하네요.

미국으로 이민을 간 한 파키스탄계 택시 기사가 꿈에서 보았던 숫자를 기억하고 17년 동안 계속 그 번호만 산 끝에, 2001년에 3,249만 달러나 되는 거액의 로또에 당첨되었다고 합니다. 그는 고향으로 돌아가 그 돈으로 선거에 나섰고, 시장에 당선되었다고 하네요.

2020년 12월 1일에 남아프리카공화국에서는 로또 당첨 번호로 '5, 6, 7, 8, 9, 10'이라는 기묘한 숫자가 나오는 황당한 일이 벌어졌다고 합니다. 당첨자가 20명이나 되고, 5~9는 맞췄지만 마지막 번호 10을 못 맞춘 사람은 79명이나 된다고 하네요.

● 로또에 대한 환상

사람들은 로또 당첨을 위해 로또와 관련된 뉴스에 민감하게 반응하기도 합니다.

"우리 동네 여기가 로또 1등 당첨자를 5번 배출한 판매처래."

"로또 추첨하는 시간대 바로 전에 구입하면 당첨이 잘된대."

"당첨번호로 자주 등장하는 번호가 7이래."

"자동번호가 수동번호보다 1등 당첨에 유리하대."

이렇게 즐거운 고민들을 하면서 로또를 구입합니다. 그만큼 로또의 행운을 기대한다고 볼 수 있지요. 꿈속에서 보았던 특정한 숫자, 운전하면서 갈 때 앞차의 번호판에서 보여지는 특정한 숫자들, 불현듯 떠오르는 숫자들에 의미 부여를 하기도 합니다. 로또 당첨 번호에 자주 등장하는 번호는 행운을 불러오는 번호로 생각하지요. 1등에 자주 등장한 숫자에 현혹될 수밖에 없는 것이 사람 마음이거든요.

연도	회차	추첨일	당첨번호						
			1	2	3	4	5	6	보너스
2020	940	2020.12.05.	3	15	20	22	24	41	11
	939	2020.11.28.	4	11	28	39	42	45	6
	938	2020.11.21.	4	8	10	16	31	36	9
	937	2020.11.14.	2	10	13	22	29	40	26
	936	2020.11.07.	7	11	13	17	18	29	43
	935	2020.10.31.	4	10	20	32	38	44	18
	934	2020.10.24.	1	3	30	33	36	39	12
	933	2020.10.17.	23	27	29	31	36	45	37
	932	2020.10.10.	1	6	15	36	37	38	5
	931	2020.10.03.	14	15	23	25	35	43	32
	930	2020.09.26.	8	21	25	38	39	44	28

▲ 2020년 특정 주간 로또 당첨 번호

그런데 이전까지 아무리 1등 당첨에 많이 나온 숫자라 하더라도, 다음 당첨에는 전혀 영향을 주지 않습니다. 상업적으로 사용하고자 하는 로또 관련 업체나 사이트들이 자주 나온 숫자를 통계로 만들어 수학적이나 과학적으로 보이도록 해서, 사람들이 행운의 숫자라고 착각하게 만드는 것입니다. 그러니까 특정한 행운의 숫자는 존재하지 않습니다. 결론적으로 로또에 당첨될 확률을 인위적으로 높일 수는 없다는 것이에요.

그럼에도 불구하고 많은 사람들이 행운의 로또 번호가 있다고 믿고, 그런 번호들을 조합해서 로또를 구입합니다. 만약에 로또에 행운의 번호가 존재한다면, 많은 사람들 특히, 수학이나 과학을 연구하는 사람들이 억만 장자가 되었을 거예요. 그런 수학자는 저조차도 본 적이 없답니다.

이것은 마치 동전을 10번 던졌을 때 앞면이 9번 나오더라도, 마지막 동전을 던질 때 앞면이 나올 확률은 여전히 1/2인 것과 같은 원리입니다. 마찬가지로 주사위를 10번 던졌을 때 숫자 2가 9번 나오더라도, 마지막 주사위를 던질 때 숫자 2가 나올 확률은 여전히 1/6인 것과 같은 원리입니다.

이전의 당첨이 다음 당첨에 전혀 영향을 주지 않아 로또(확률)가 독립적이기 때문에, 과거에 많이 나온 숫자를 조합하는 것은 당첨 확률에 아무런 영향을 주지 않아요. 로또의 과거 당첨 숫자는 정보가 아니기 때문에, 당첨 번호 분석 자체가 의미없는 일인 것입니다.

로또 당첨 확률

로또를 한 장 샀을 때 1등에 당첨될 확률은 '순서에 상관없이' 선택하는 조합입니다. 45개 중에서 6개를 선택하는 조합의 수는

$$_{45}C_6 = \frac{45!}{6!39!} = 8,145,060$$

계산하면, 8,145,060입니다.
즉, 약 814만 장을 사야 1번 당첨될 수 있다는 거예요.

우리나라의 '로또 6/45'은 45개의 숫자 중 6개를 맞히면 1등이 되는 복권이에요. 매주 토요일 오후 8시 45분쯤 추첨을 진행하는데, 1등 당첨금은 해당 회차의 총 판매액에 의해 결정됩니다. 이 복권의 특징은, 45개의 숫자 중 추첨된 6개의 번호와 내가 선택한 숫자가 일치하는 개수에 따라 등위가 결정된다는 것입니다. 판매 가격은 1매당 1,000원입니다. 총 당첨금은 로또 전체 판매액의 50%이며, 42% 이상은 복권 기금으로 활용되어요. 1, 2, 3등 당첨금은 정해져 있지 않고 해당 회차의 총 판매액에 의해 결정되며, 등위별 해당 금액을 당첨자의 수로 나누어 지급하게 됩니다.
1등 당첨자가 없는 경우에는 해당 1등 당첨금이 이월되어 다음 회차 1등 상금에 합산되고, 2~3등 당첨자가 없는 경우에는 상위 당첨금에 포함되어 지급됩니다. 나머지 4등 당첨금은 50,000원, 5등 당첨금은 5,000원이에요. 4~5등 당첨자가 과다하게 발생하여 당첨금이 부족할 경우에는 별도로 정한 지급률에 따라서 지급된다고 합니다.

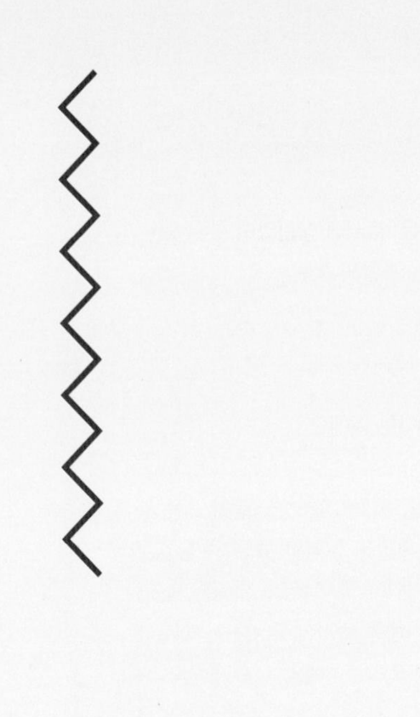

제4장
늘
보고 느끼는
기하

1 뒤죽박죽된 활자 π (중1 원)

'원의 둘레와 지름 사이에는 일정한 비율이 있다.'

● π(파이)의 유래, 근사적으로 3.14 사용

원의 특징은 원의 중심으로부터 일정한 반지름만큼 떨어져 있는 점들의 자취(집합)라는 것인데, 원에는 크기에 상관없는 일정한 법칙이 있습니다. 원의 둘레와 지름 사이에 일정한 비율이 존재한다는 것이에요.

pi(파이, π)는 원의 둘레를 나타내는 고대 그리스어의 첫 자이기도 합니다. 기원전 2천 년 바빌로니아 시대에 원의 둘레는 지름의 3배였는데, 3으로 계산하면 남게 되는 길이가 고민거리였어요. 그래서 이때부터 3.×××, 숫자 3 뒤에 소수점 아래 숫자들이 시작되었습니다.

기원전 250년경에 아르키메데스는 2자리 3.14를 발견합니다. 그 후 5세기에는 중국의 조충지가 6자리 3.141592를 발견하였어요. 1596년 독일의 루돌프 반 퀼렌은 35자리까지 계산하였고, 1874년 영국의 샹크스는 707자리까지 증명합니다. 21세기에 들어서면서 527자리까지 맞은 것을 증명하였고, 2002년 일본의 슈퍼 컴퓨터는 무려 1조 2400억 자리까지 계산하였습니다.

이렇게 무리수인 π는 소수점 이하 숫자가 너무 많기 때문에 상수 3.14를 근사적인 값으로 쓰고 있습니다.

● 매년 3월 14일은 π 데이

매년 3월 14일은 어떤 기념일이라고 알고 계시나요? 대부분의 사람들은 좋아하는 여자에게 사탕을 선물하며 사랑을 고백하는 날인 화이트 데이라고 알고 있습니다.

그런데 사실 이날은 원주율 3.14(원주율, π 데이)를 고안한 것을 기리기 위해 제정한 날이에요. 보통 3.14159(3월 14일 오후 1시 59분)에 맞춰 기념을 한답니다. 시차가 있기 때문에 다른 나라에서는 3월 14일 오전 1시 59분에 치르기도 한다네요. 이날은 세계 각국 수학인들의 축제일이 되었습니다. 게다가 공교롭게도 이날은 모든 이가 알고 있는 알베르트 아인슈타인의 생일이기도 합니다.

3월 14일을 기해 많은 학교에서는 π(파이) 데이 행사를 진행합니다. 주로 '엄청나게 긴 파이값 외우기', '파이 데이 행사', '파이 데이 포스터', '수업 공감 데이' 등의 행사가 열려 학생들의 흥미를 자극한답니다. 이날 학생들에게 원주율이 우리 생활에서 어떤 존재인지 이야기도 하고, 혹시라도 원주율(π)이 없는 세상은 어떨지 생각해 보기도 하지요. 이날 재밌게 수학 수업을 하기 위해 수학 선생님들은 원주율이 존재하는 과자를 준비하거나, 학생들이 간식을 준비해 와서 먹기도 합니다.

학생들에게 "왜 과자는 원주율을 가지고 있나요?"라고 질문하면, "선생님, 원주율을 가진 원이 제일 안전해요.", "다른 네모나 세모보다 동그라미 모양은 과자가 잘 부서지지 않는 것 같아요." 라고 대답합니다. **실제로 원은 좀 더 안정적인 모양을 지니고 있어요.**

● 원주율을 외우는 다양한 방법

π 데이의 하이라이트는 뭐니 뭐니 해도 원주율 외우기 대회라고 할 수 있어요. 세계적으로 유명한 가수가 π와 관련된 노래를 만들어서 부르기도 했답니다. 여러분, 신기하지 않나요?

1906년에 오르(시인)는 원주율(π)을 기억하는 방법을 곰곰히 생각하다가 기발한 아이디어가 떠올랐어요. 그것은 바로 다음과 같이 영어로 된 시에 나오는 각 단어를 이루고 있는 알파벳 개수를 적으면, 원주율(π)의 소수점 아래 30번째 자리까지의 숫자가 된다는 것이었습니다. 이 영시 작품에는 아르키메데스를 찬양하는 의미가 담겨 있다고 합니다.

Now, I, even I, would celebrate

In rhymes unapt, the great

Immortal Syracusan, rivaled nevermore,

Who in his wondrous lore,

Passed on before,

Left men his guidance

How to circles mensurate

3.14159

26535

8979

32384

626

4338

3279

3.14159265358979323846264338327 9

1998년부터 제작된 π(Pi, 파이)라는 SF영화가 2002년 7월 12일에 개봉되기도 했고, 다양한 가수들의 π(파이)송은 π의 값을 외울 수 있는 노래로 정착하고 있답니다. 참으로 신기한 수의 비밀입니다.

우리나라 학생들 중에는 일정한 라임을 넣어서 그냥 외우는 친구들도 있어요.

3.14159 26535 89793 23846 26433

이렇게 5자리로 나눈 뒤에 숫자에 의미를 부여하면서 외우는 방법입니다.

3.14 바로 뒤 1592(임진왜란) 6535(군부대) 8979(89년 79년생) 3238(32평 38평)….

이처럼 원주율(π)을 외우는 자신만의 비법을 만들어 보세요.

우주의 많은 행성들은 원을 그리며,
공전이나 자전을 하고 있습니다.
'우주 안에서 이해할 수 없는 일은
우주를 이해할 수 있다는 사실이다.'
–알베르트 아인슈타인

2 맨홀이 원 모양인 까닭 (고1 방정식과 부등식, 이차함수, 중3 원)

길거리 바닥을 보면 늘 보이는 것이 있지요? 바로 맨홀입니다. 맨홀의 뜻을 아시나요? 맨홀은 '사람 구멍'이라는 뜻을 지니고 있어요. 땅 밑에 수도, 전기, 전화, 가스선 등이 매설되어 있어 고장이 났거나 사고로 인해 사람이 들어가야 하는 순간에 맨홀을 이용한답니다.

그럼 맨홀 모양이 왜 수학하고 관련이 있을까요? 맨홀 뚜껑이 밑으로 빠지지 않아야 하기 때문입니다. 맨홀 뚜껑이 지하로 빠지게 되면, 위로 지나가는 자동차나 사람, 지하에서 작업하는 사람에게 치명적인 피해를 줄 수 있습니다. 그래서 사람들이 고민 끝에 맨홀을 원으로 제작하기 시작한 것이에요. 뚜껑은 강한 충격에도 견뎌야 하므로 쇠의 종류인 주철이나 철근콘크리트 등으로 제작하며, 맨홀 뚜껑의 원지름은 통상 60cm 정도여서 사람이 내려가거나 올라올 수 있는 넓이가 될 수 있습니다. **원으로 된 맨홀 뚜껑은 모든 방면에서 동일한 지름을 지니고 있어서 아래로 떨어지지 않아요.**

원의 정의는 '한 점으로부터 일정한 거리에 떨어져 있는 점들의 자취'입니다. 그리고 원 모양은 다른 모양보다 외부 충격이나 진동, 압력 등에 강한 특징을 가지고 있습니다. 학생들에게 원의 성질 등에 대해 수업할 때 맨홀 뚜껑이나 뢸로 삼각형 등을 활용하는데, 생활과 관련된 내용을 알려 주면 아이들의 눈이 반짝반짝한답니다.

맨홀 뚜껑에 원 모양만 있는 것은 아니고, 정사각형 모양도 있습니다. 정사각형 모양의 맨홀 뚜껑은 지하에 큰 장비 등이 내려갈 때에만 한정되어 사용됩니다. 이 정사각형 맨홀의 단점은 무엇일까요? 바로 정사각형 맨홀 뚜껑을 대각선으로 넣게 되면 지하로 빠진다는 것이에요. 한 변의 길이가 1m인 정사각형 맨홀 뚜껑의 대각선의 길이는 피타고라스의 정리(빗변의 제곱은 밑변의 제곱과 높이의 제곱의 합과 같다)를 이용하여 계산하면 1.414…이므로, 한 변의 길이 1보다 크기 때문에 빠지게 되는 것이지요.

아주 특이한 모양의 맨홀 뚜껑도 있어요. 삼각형도 아니고 원도 아닌, 신기하게 생긴 모양의 '뢸로(Reuleaux) 삼각형'입니다. 이는 정삼각형의 각 꼭짓점을 중심으로 하여 나머지 두 꼭짓점을 지나는 호를 그렸을 때 나타나는 도형이랍니다. 이런 삼각형을 본 적이 있나요? **이 뢸로 삼각형도 원 맨홀과 마찬가지로, 어느 방향에서 측정하여도 폭이 일정한 도형이라 맨홀에 뚜껑이 빠지지 않는다는 특징이 있습니다.**

1978년 미국에서 '정사각형 홈 드릴기'로 특허를 받은 사람이 있습니다. 이것은 뢸로 삼각형의 원리를 이용한 특허이지요. 이 천공기(드릴)를 사용하면 정사각형 모양에 가장 가까운 구멍을 쉽게 뚫을 수 있답니다.

이처럼 수학은 우리의 일상생활에 존재하는 맨홀 뚜껑과 전동 드릴에 이르기까지 다양한 용도로 사용된다는 사실을 학생들에게 알려 줍니다. 그러면 학생들은 수학의 유익하고 실용적인 원리를 터득하게 됩니다.

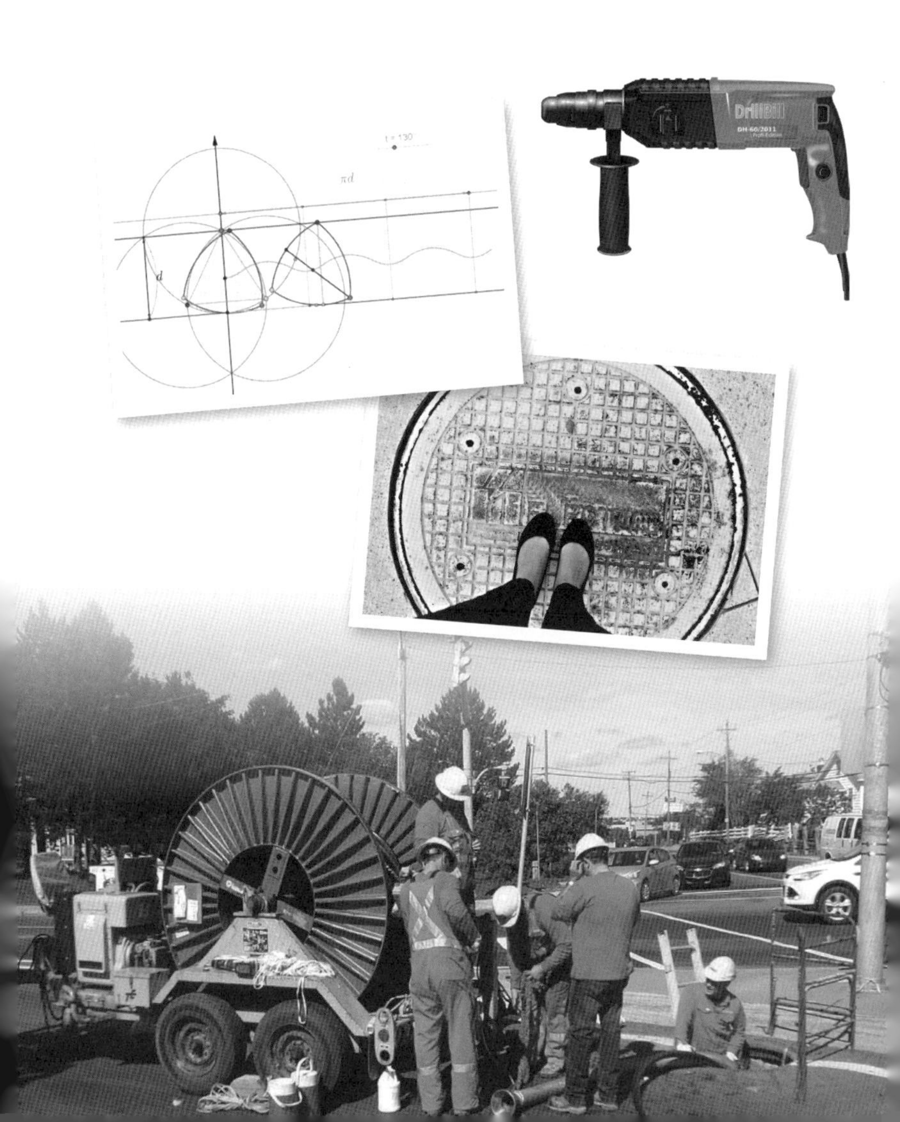

3 자연에서 자연스럽게 관찰하는 도형, 원 (고1 원의 방정식)

우리에게 소중한 원

놀이공원이나 유원지에 있는 대관람차라는 놀이 기구를 타 보았나요? 원 모양으로 되어 있고, 규칙적인 속도로 회전하면서 주변 경치를 볼 수 있는 기구이지요.

여러분이 낮이나 밤에 하늘을 보면, 해와 달을 볼 수 있어요. 사실 원은 아닌 구이지만 멀리서 바라보면 원 모양으로 생각할 수 있으므로, 원은 자연 속에서 친근한 모양으로 인식된답니다. 또 강이나 바다, 호숫가에 돌을 던지면, 돌이 퍼져 나가면서 그려지는 모양도 어김없이 원 모양이에요. 이처럼 **원은 우리 주변에서**

쉽게 관찰되고 떠올릴 수 있는 모양입니다.

러시아의 화가 칸딘스키(1866~1944)의 작품 '원 속의 원'에서도 원과 직선의 위치 관계를 찾을 수 있습니다. 작품을 같이 감상해 볼까요?

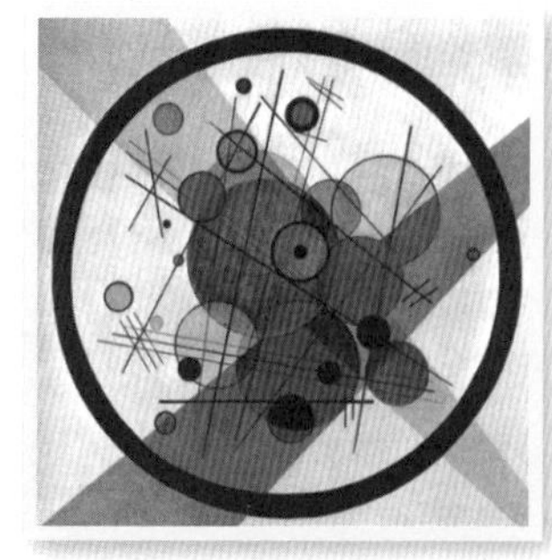
▲ 칸딘스키, '원 속의 원'

● 지진 위치도 결정하는 원

이제 우리나라도 더 이상 지진의 안전지대가 아니에요. 지진이 발생하면 지진파가 발생하여 사방으로 퍼져 나가는데, 서로 다른 지진 관측소에서 측정된 이 지진파 기록으로부터 지진의 진앙을 알아낼 수 있답니다. 지진 신호는 진앙으로부터 가장 가까운 관측소에 가장 먼저 도달하고, 가장 먼 관측소에 가장 나중에 도달하지요. P파와 S파의 도달 시간 차이를 통해 지진계로부터 진앙까지의 거리를 알 수 있습니다. 적어도 3개의 관측소에서 진앙까지의 거리를 알고 나면 진앙의 위치를 추정할 수 있어요.

이때, 원이 상당히 중요한 역할을 합니다. **즉, 각각의 관측소에서 진앙까지의 거리를 반지름으로 하는 동심원을 그려 세 개의 원이 교차하는 지점을 찾으면, 그 지역을 진앙의 위치로 추정할 수 있는 것입니다.** 진앙의 위치는 각 원이 만나는 점을 이은 세 선분의 교점이 되겠군요.

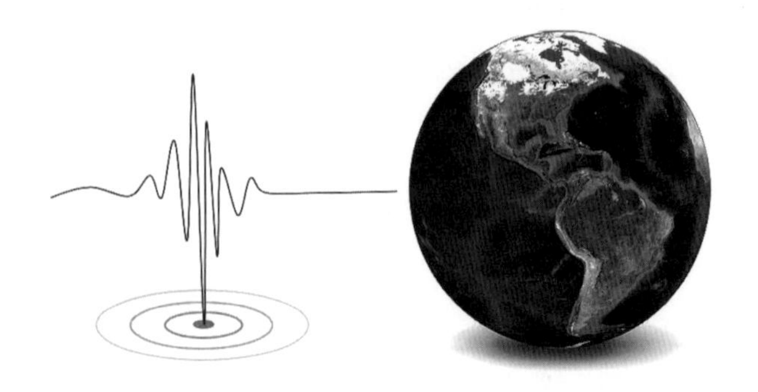

출처: 지진연구센터

참고로 우리나라는 규모 5.8(2016년 9월 12일 경북 경주시 남서쪽) 지진이 역대 국내 지진 규모 1위로, 당시에 큰 피해를 주었습니다.

국내외 지진 규모별 피해 정도	
지진 규모	피해 정도
2.0~3.4	사람은 느끼지 못하고 기록만 탐지
3.5~4.2	소수의 사람들만 느낌
4.3~4.8	많은 사람들이 느낌
4.9~5.4	모든 사람들이 느낌
5.5~6.1	건물에 약간의 피해
6.2~6.9	건물에 상당한 피해
7.0~7.3	심각한 파괴, 철로가 휘어짐
7.4~7.9	큰 파괴
8.0 이상	거의 완전한 파괴

국내 지진 규모별 순위						
No.	규모 (Ml)	발생 연월일	진원시	진앙(Epicenter)		
				위도(°N)	경도(°E)	발생 지역
1	5.8	2016.9.12	20:32:54	35.76	129.19	경북 경주시 남남서쪽 8.7km 지역
2	5.4	2017.11.15	14:29:31	36.11	129.37	경북 포항시 북구 북쪽 8km 지역
3	5.3	1980.1.8	08:44:13	40.2	125.0	평북 서부 의주-삭주-귀성 지역 (북한 평안북도 삭주 남남서쪽 20km 지역)
4	5.2	2004.5.29	19.14.24	36.8	130.2	경북 울진군 동남동쪽 74km 해역
4	5.2	1978.9.16	02.07.06	36.6	127.9	충북 속리산 부근 지역(경북 상주시 북서쪽 32km 지역)
6	5.1	2016.9.12	19:44:32	35.77	129.19	경북 경주시 남남서쪽 8.2km 지역
6	5.1	2014.4.1	01:48:35	36.95	124.50	충남 태안군 서격렬비도 서북서쪽 100km 해역
8	5.0	2016.7.5	20:33:03	35.51	129.99	울산 동구 북쪽 52km 해역
8	5.0	2003.3.30	20:10:53	37.8	123.7	인천 백령도 서남서쪽 88km 해역
8	5.0	1978.10.7	18:19:52	36.6	126.7	충남 홍성군 동쪽 3km 지역
11	4.9	2013.5.18	07:02:24	37.68	124.63	인천 백령도 남쪽 31km 지역
11	4.9	2013.4.21	08:21:27	35.16	124.56	전남 신안군 흑산면 북서쪽 101km 해역
11	4.9	2003.3.23	05:38:41	35.0	124.6	전남 신안군 흑산면 서북서쪽 88km 해역
11	4.9	1994.7.26	02:41:46	34.9	124.1	전남 신안군 흑산면 서북서쪽 128km 해역

출처: 기상청

이처럼 원은 우리 일상생활에 아주 깊숙이 들어와 있어요. 여러분도 주위에서 동그란 모양인 원을 찾아 살펴보면 어떨까요?

제5장
보여지는
마법,
함수

1 디지털 디자이너가 되는 마법, 공학적 도구 (중3, 고2 삼각함수)

공학적 도구를 활용한 디자인, 삼각함수도 어렵지 않아요

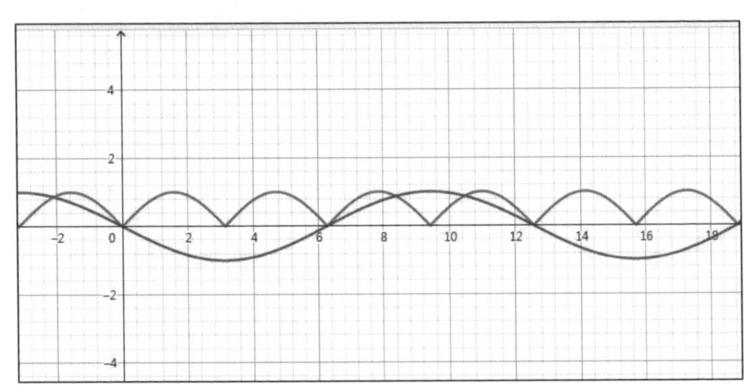

▲ 삼각함수를 활용하여 나타낸 하트 모양

"선생님, 함수 어려워요."

"좌표 상에 꼭짓점, 점근선, 축, 기울기, 절편 등 복잡해요."

"쉽게 함수의 그래프를 표현할 수 있었으면 좋겠어요."

"선생님께서 그려 주시는 칠판의 함수 그래프는 정확하지 않아요."

수학에서 중요한 부분을 차지하는 '함수' 단원을 학생들에게 지도하게 되면, 어려운 점이 많이 생깁니다. 함수를 좌표평면 상에 표시해서 시각적으로 보여 주어야 하는데, 칠판에 자를 가지고 그리면 사람이다 보니 삐뚤삐뚤해지고 시간도 많이 흐르게 되거든요.

무엇보다 학생들은 정확하게 보여 주는 활동을 원하는데 교실에서는 이것이 힘들지요. 이럴 때 **공학적 도구를 이용하여 함수의 그래프를 그리게 되면, 보여지는 모양으로 다양한 모양을 정확하게 만들 수 있어서 효과적이랍니다.**

학생들도 집이나 학교 컴퓨터실에서 쉽게 접할 수 있는 무료 공학적 도구를 사용하면 함수에 대한 이해가 더욱 쉬워집니다. 특히, 중학교 3학년부터 등장하는 사인함수(sinx), 코사인함수(cosx), 탄젠트함수(tanx) 등을 삼각함수라고 하는데, 무료 공학적 도구(https://www.geogebra.org/classic)에 값을 입력하면 쉽게 삼각함수의 그래프 모양을 확인할 수 있습니다.

수학에서 중요한 것은, 내가 배운 내용에 대해 시각적으로 인지하는 것이라고 생각합니다. 수와 식으로만 배운 수학은 수학을 포기하게 만드는 원인이 되기도 하지요.

함수와 그래프 단원을 공부할 때 쉽게 접근할 수 있고, 쉽게 이해가 되는 훌륭한 공학적 도구를 사용하면 어떨까요? 그러면 학생들이 수학 내용도 확실히 이해하고, 디지털 수학 디자이너가 될 수도 있답니다.

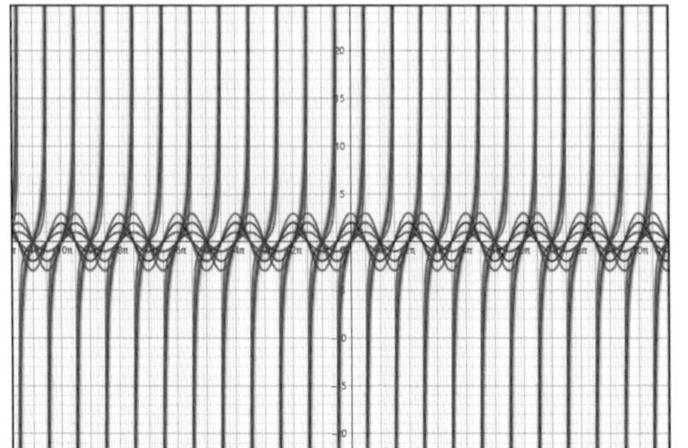

▲ 공학적 도구를 활용한 디자인 – 삼각함수 '사코타(stc)'

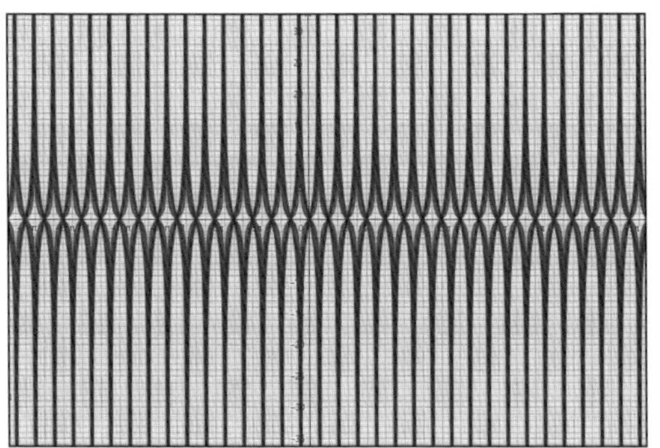

▲ 공학적 도구를 활용한 디자인 – 삼각함수 '탄젠트'

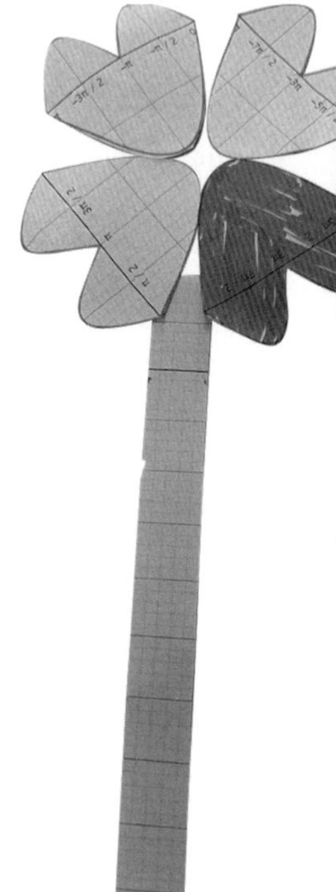

▲ 삼각함수를 활용한 하트 모양으로 꽃 만들기

2 망각의 법칙 (고1 지수함수와 로그함수)

시중에 에빙하우스의 망각(보유) 곡선 원리가 반영된 스터디 플래너나 노트가 있다는 사실을 알고 있나요? 이 노트로 공부하면 공부를 더 잘하게 된답니다. 믿으셔야 됩니다!

고등학교 수학Ⅰ 교과서에 '지수함수와 로그함수' 단원이 등장합니다. 실생활에서 지수와 로그가 활용되는 사례들은 그야말로 무궁무진해요. 그중에서 **우리가 공부를 한 후 시간이 지남에 따라 쉽게 잊어버리게 되고, 기억하고 있는 단어의 수는 시간이 경과됨에 따라 줄어든다는 망각의 법칙이 있답니다.**

독일의 심리학자 에빙하우스(1850~1909)는 사람의 기억이 시간이 흐르면서 어떻게 줄어드는지를 나타내는, 일명 '망각의 법칙'을 연구하였습니다. 그 결과 머릿속에 들어 있는 기억을 꺼내는 데에 실패하는 것이 망각이며, 학습한 후 시간이 지날수록 회상되는 양이 적어진다는 사실을 알아냈다고 합니다.

▲ 헤르만 에빙하우스: 기억의 실험 연구를 개척한 독일의 심리학자로 망각 곡선과 간격 효과를 발견하였다.

그에 따르면, 한 번 기억한 것은 한 시간 정도 지나면 50% 이하만 남게 되며, 한 달이 지나면 20% 정도만 남게 된다고 합니다. 에빙하우스의 망각 곡선을 살펴보면 복습의 중요성을 알 수 있어요. 사람은 31일(한 달)이 지나면 거의 기억을 할 수 없다고 합니다. 망각 곡선의 꼬리 부분(일명 점근선)은 일정하게 진행되며, 지수함수와 로그함수의 감소함수(지수와 로그의 밑이 0보다 크고 1보다 작은 범위) 그래프 유형을 띠고 있답니다.

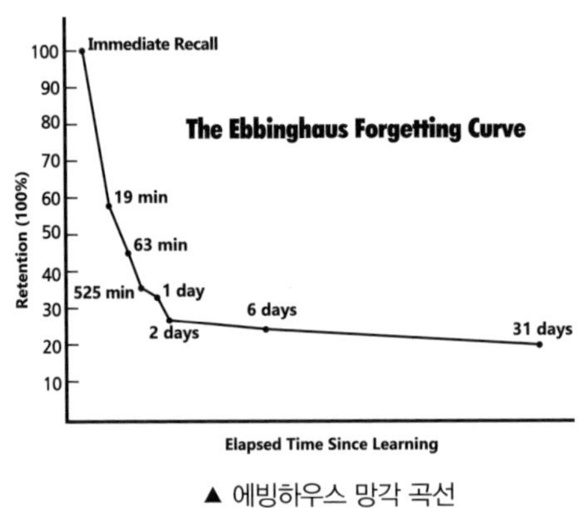

▲ 에빙하우스 망각 곡선

실험 참여자들은 학습 직후 19분이 지나면 학습했던 내용의 58%를 기억(42% 망각)하고, 하루가 지나면 33%를 기억(67% 망각)하는 것을 볼 수 있어요. 즉, 실험 참여자들은 학습 직후 망각이 시작되어 9시간까지 급격한 속도로 학습 내용을 잊다가, 그 이후부터는 그 속도가 점차 완만해지는 것을 확인할 수 있어요.

학생들이나 수험생들은 통상 한번에 몰아서 반복하면서 기억하거나 공부하는 경향이 두드러집니다. 하지만 이 연구에 따르면, 그것보다는 일정한 시간의 범위로 나누어 반복하는 학습 방법이 훨씬 효율적입니다. 예를 들어, 어떤 단어 하나를 기억할 때 짧은 기간 계속 반복해서 복습하는 것보다는, 시간을 두고 반복해서 복습하는 것이 효과적으로 기억할 수 있는 방법입니다.

그 이후에 많은 심리학자들이 연구한 결과, 에빙하우스의 주장이 옳다는 것이 다시 증명되었다고 합니다. 즉, **반복 학습을 할 때 그냥 반복이 아닌, 반복 주기를 차츰 높여 가며 반복하는 것이 가장 효율적인 방법이라는 것이지요**. 한 주제에 대해 적어도 4회 반복을 하는 것이 가장 효율적이고, 단기 기억이 아닌 장기 기억에 도움이 되며, 머리에 확실하게 각인하는 효과가 있다고 합니다.

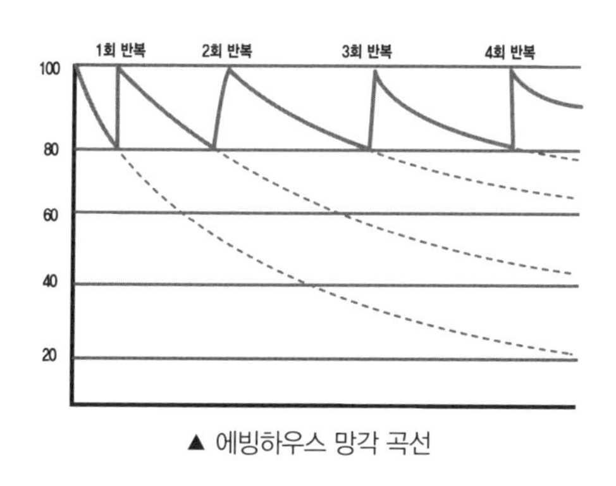

▲ 에빙하우스 망각 곡선

위 그래프에서 가로는 경과 시간, 세로는 기억률을 나타내고 있어요. 지금 영어 단어 100개를 외운다고 가정했을 경우, 약 20분 후에 머리에 남는 단어는 58개, 약 1시간 후에는 44개로, 불과 1시간이 지난 후에 반 이상을 잊어버리게 됩니다. 따라서 기억률을 높은 상태로 유지하기 위해서 약 20분 후, 약 1시간 후,

약 9시간 후, 6일 후, 31일 후에 맞춰 복습을 한다면 기억률은 100%로 올라가며, 그 상태를 유지할 수 있는 것이지요.

결론적으로 말하면, **학습한 내용을 장기 기억하기 위해서는 '10분 후 복습 - 1일 후 복습 - 1주일 후 복습 - 1달 후 복습'이 필요하다는 것이에요.** 그리고 반복할수록 복습에 걸리는 시간은 점점 줄어들게 될 것입니다.

효율적인 공부 방법

학습한 지 10분 후부터 망각이 시작됩니다.
1일만 지나도 70% 이상 망각됩니다(30% 기억).
1달이 지나면 80% 이상 망각됩니다(20% 기억).
복습을 하지 않으면 공부하지 않은 것과 같습니다.
가장 효율적인 공부 방법은 4회 주기 복습(10분 – 1일 – 1주일 – 1달)입니다.

3 부레옥잠 (중2 지수법칙, 고1 지수함수)

우리가 배우는 지수함수는 알고 보면 자연에서 쉽게 접할 수 있는 현상입니다. 박테리아의 수가 지수함수적으로 증가하고, 고대 유물의 연대 측정을 위해 방사성 동위원소의 반감기를 이용할 때 방사성 원소가 지수함수적으로 붕괴되지요. 또 하나의 난자와 정자가 만나 임신 기간을 거쳐 수많은 세포를 지닌 아기가 태어나는데, 이때 배아 세포도 지수함수적으로 세포 분열을 반복한다고 합니다.

그리고 우리가 시골에서 쉽게 볼 수 있는, 콩으로 만든 메주의 발효는 박테리아 증식의 좋은 예입니다. 박테리아 대부분은 이분법으로 증식을 하며, 분열 시 통상 1시간에서 3시간이 소요된다고 합니다. 1시간에 한 번 분열하는 박테리아 1개는 1시간 후에 2개로, 2시간 후에 4개로, 3시간 후에 8개로, 10시간 후에는 1024개로 늘어나지요. 이처럼 한없이 지수함수적으로 늘어나는 박테리아의 개체 수는 지수함수 곡선으로 표현됩니다(우상향 곡선). 하지만 현실적으로 영양분이나 자원 등의 한정으로 말미암아 제한이 없는 증식을 지속할 수 없기 때문에, 지수함수 곡선의 끝부분에서 로지스틱한 성장 곡선을 따르게 된답니다.

그런데 수학 선생님이 수업을 하면서 이런 사례들을 알려 주는 경우는 흔하지 않아요. 아마도 대부분 그냥 지수함수 곡선으로만 배웠을 것이라고 생각됩니다.

혹시 고인 물에 자생하는 수생 식물인 '부레옥잠'을 들어 보았나요? 부레옥잠은 물 바닥에 뿌리를 내리지 않고, 보통 물 위에 떠서 자라는 식물이에요. 정수 식물로 알려져서, 사람들이 오염된 물을 정화하는 목적으로 번식시키기도 합니다.

몇 년 전 인천 남동공단 근처 하천에서, 몇 억 원을 들여 부레옥잠을 번식시키려고 애를 썼다고 합니다. 하지만 결과는 실패였어요. 생각지도 못한 빠른 번식력으로 부레옥잠이 호수 표면을 덮어 버려 생태계를 어지럽히고, 환경을 오염시켰기 때문이에요. 또 세계적인 빅뉴스도 있었습니다. 아프리카 빅토리아 호수는 한반도 면적의 약 3분의 1을 차지하는 크기인데, 이 호수에 부레옥잠이 너무 많아 제거 작업을 했다고 합니다. 제거하지 않으면 **5일에서 15일만에 분포된 면적의 2배씩 지수함수적으로 증가하여, 빅토리아 호수의 표면이 부레옥잠으로 뒤덮인다고 하네요.**

참고로 부레옥잠은 관상 식물로 수조에서 기르기도 하고, 논이나 못에서도 자랍니다. 다년생 식물이며, 높이는 20~30cm 정도 됩니다. 밑에서 잔뿌리가 많이 돋고 잎이 많이 달리는 특징이 있으며, 연한 자주색의 꽃이 8~9월에 핍니다. 놀라운 사실은, 부레옥잠의 꽃에 중금속을 제거하는 기능이 있다는 것입니다. 또 잎에는 카로틴이 함유되어 있어서 해독 작용을 한다고 하네요.

사람들에게도 부레옥잠처럼 세상을 정화하는 능력이 있었으면 좋겠습니다. 타인의 배설 언어나 감정 언어도 해독하는 능력말입니다.

4 사라지는 섬_피지, 투발루, 통가 왕국 (중1 좌표평면과 그래프)

● 사라지는 섬, 이유는?

만약 현재 내가 살고 있는 나라가 사라지고 있다면 어떤 심정일까요? 지금 사라지고 있는 섬나라들로 인해 이민이 급증하고 있다고 하는데, 너무나 슬픈 현실입니다.

기후 변화의 직접적인 피해를 입고 있는 남태평양 도서국으로 피지, 투발루, 통가 왕국이 있는데, 이곳에는 해수면 상승으로 고향을 떠나는 이른바 '기후 난민'이 증가하고 있어요. 이중 투발루는 해수면으로부터 고작 2~4m 고도에 불과하여, 해수면이 조금 더 상승하면 사라질 위기에 처해 있는 나라입니다. 그래서 대부분의 투발루인들이 뉴질랜드로 이민을 떠나고 있는 실정이라고 합니다. 전문가들은 현재 해수면 상승 속도로 봤을 때 투발루가 2050년쯤 수몰될 가능성이 높다고 하더군요.

통가 왕국도 마찬가지 상황이어서, 이미 사라진 작은 섬도 있다고 합니다. 통가 왕국은 해수면 상승과 함께, 강력해지는 사이클론, 슈퍼 엘니뇨로 인한 심각한 가뭄 등 기후 변화의 고통에 허덕이고 있어요. 피지는 난개발 등으로 갈수록 홍수가 잦아지는 등 기후 변화 고통이 가중되고 있답니다.

이와 같은 기후 변화로 고통 받는 사람들이 증가하는 요인 중

하나로 '지구 평균 해수면 높이의 추이'가 있습니다. 이때 사용하는 것이 바로 지구 평균 해수면 높이의 변화를 그래프로 나타내는 것이에요. 그래프로 표현하면 미래 해수면 높이를 예측할 수 있어, 피해를 줄이는 데 도움이 될 것입니다.

이처럼 **수학에서는 다양한 상황을 표, 식, 그래프 등으로 나타내고, 이를 해석하고 분석함으로써 사람들에게 유용한 정보를 준답니다.**

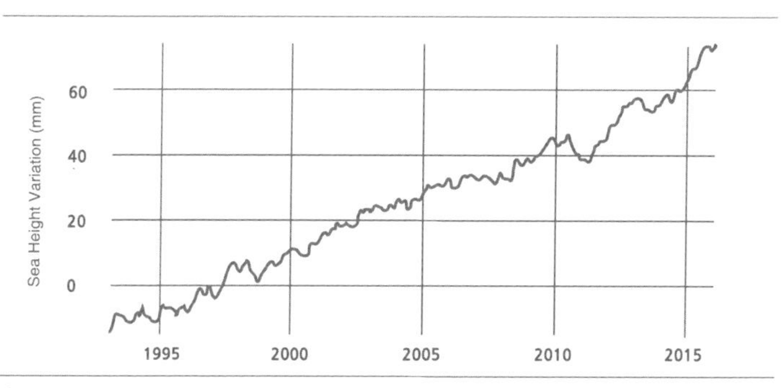

자료: NASA, 이베스트투자증권 리서치센터, 1992년 이래 해수면은 7.38cm 상승

▲ 지구 평균 해수면 높이의 추이

● 시간과 생존율과의 싸움, 심폐 소생술

심폐 소생술은 심장이 멈춘 위급한 사람에게 행하는 의료 행위에요. 4분까지가 골든 타임이라고 할 정도로 촉각을 다투는 중요한 행위입니다. 시간(분)에 따른 소생률을 그래프로 나타내면, 표현하고자 하는 상황을 쉽게 알 수 있습니다.

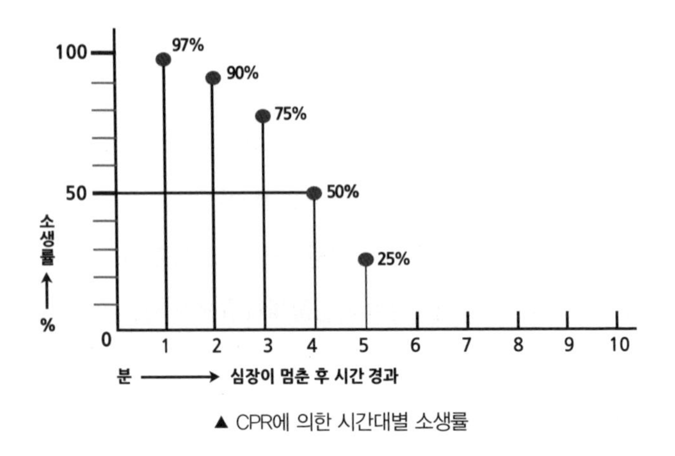

▲ CPR에 의한 시간대별 소생률

이와 같이 그래프가 우리에게 주는 뜻과 표현은 상당히 중요해요. **변화를 나타내는 그래프로 그 현상을 이해하고, 미래까지도 예측할 수 있는 것입니다.**

또 우리 주변에서는 어떤 한 현상이 변함에 따라 다른 현상도 뒤따라서 변화하는 관계를 쉽게 찾아볼 수 있어요. 시간에 따른 온도 변화, 끓인 물을 식힐 때 물의 온도 변화, 시간에 따른 나무 그림자의 변화, 휴대폰을 사용한 시간에 따른 남은 배터리의 양 등 참으로 많습니다. 이러한 관계들을 나타내는 그래프는 우리 삶에 활력소를 불어넣어 주는 고마운 수학입니다.

5 수학을 억수로 사랑한 에스허르 (고2, 고3 함수의 극한)

▲ 나선형 계단

"나선형 계단이 빙빙 돌며 밑으로 내려가면서
폭이 좁아지는 것을 위에서 보게 되면,
극한의 상황을 확인할 수 있답니다."

● 사물의 끝닿은 데, 극한

학생들에게 함수의 극한, 수열의 극한을 지도할 때 등장하는 단어가 '극한'입니다. 극한은 우리가 일상생활에서도 자연스럽게 사용하는 용어입니다. '극한 대립', '극한 운동', '극한 공포', '극한 직업' 등의 말이 있지요. 요즘 매스컴에 자주 등장하는 '극한 직업'은 위험하고 너무 힘들어서 사람들이 기피하는 직업을 말합니다. 일을 하는 것인지, 고통을 받는 것인지 모를 정도로 열악한 환경에서 일하는 직업으로 표현이 되지요. 초고층 빌딩 외벽 청소부, 중국 산악 가마꾼, 인도 뭄바이 빨래꾼, 택배 상하차, 광부, 하수도나 정화조 청소원 등은 그야말로 극한 직업들입니다.

극한은 '궁극의 한계, 사물의 끝닿은 데'를 의미합니다. **수학에서 극한(limit, 리밋)은 변수가 일정한 법칙에 따라 어떤 정해진 값에 한없이 가까워질 때의 값입니다.** 함수의 값이 어떠한 값으로 가까워지거나, 멀어지는 움직임을 나타내지요.

이 극한이라는 용어는 프랑스의 수학자 달랑베르(1717~1783)가 처음으로 사용했고, 많은 수학자들이 무한의 뜻과 연결하여 사용하기도 했답니다. 실제로 함수의 극한은 물리학, 경제학, 공학 등에서 눈에 보이지는 않지만, 많이 활용되고 있습니다.

변화를 예측하는 극한, 그림으로 표현한 에스허르

실생활에서 어떤 값에 한없이 가까워지거나 한없이 커지는 상태의 변화를 예측해야 하는 경우가 있습니다. 2010년에 관객 수 580만 명을 동원하며 우리나라에서 흥행에 성공한 '인셉션'이라는 영화가 있는데, 이 영화에 무한 계단이 등장합니다. 또 수학을 무척 사랑한 에스허르의 작품에도 무한 계단이 있어요. 이 둘에는 공통점이 있답니다.

네덜란드의 판화가이자 미술가인 에스허르(영어명: 에셔, 1898~1972)는 2차원의 세계와 3차원의 세계를 멋지게 표현하였습니다. 그의 그림 속에 자주 등장하는 '계단'은 올라가고 있지만, 사실은 내려가게 되어 있어 처음으로 다시 되돌아오는 구조입니다. 무한 반복하면서 계속 순환하는 구조로 설계된 착시 그림이기도 합니다.

▲ 에스허르, '상승과 하강'

'악마와 천사'라는 부제가 붙은 에스허르의 작품은 '테셀레이션 기법(같은 모양을 반복적으로 배치해 평면이나 공간을 빈틈없이 채우는 기법)'으로, 천사와 악마가 빈틈없이 여백을 채우고, 천사는 자신의 윤곽으로 악마를 만듭니다. 반대로 악마는 그의 윤곽으로 천사를 만들어 내고 있어요. 작품의 검은 부분에 초점을 맞춰 보면 악하고 무서운 악마의 모습을, 하얀 부분에 초점을 맞춰 보면 성스럽고 온화한 천사의 모습이 무한히 이어짐을 알 수 있습니다.

▲ 에스허르, '천국과 지옥'

또한 도마뱀이 그림이 된 것인지, 그림이 도마뱀이 된 것인지 모를 정도로 착시 현상을 일으키는 기법으로 표현한 작품이 있습니다.

▲ 에스허르, '도마뱀'

아래와 같이, 왼손이 오른손을 그리는 것인지, 오른손이 왼손을 그리는 것인지 알 수 없게 착시 현상을 유발시키는 무한 반복 원리의 작품도 있어요.

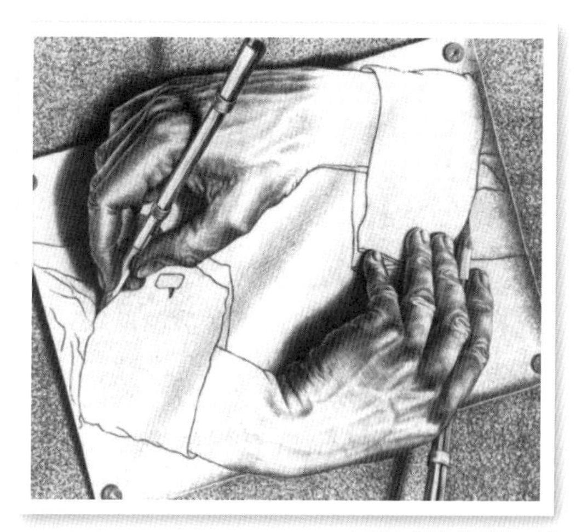

▲ 에스허르, '그리는 손'

평면도형이나 입체도형을 구성하는 점, 선, 면, 각 등의 도형은 수학입니다. 이를 통해 **수학이 미술 발전에도 큰 기여를 했음을 알 수 있어요**. 그래서 수학자나 미술가들은 '기하 도형은 아름다운 세계로 들어가는 입구이자 그 자체'라는 말을 하였습니다. 미술에는 늘 수학 원리가 자리 잡고 있음을 알아 둡시다.

테셀레이션(tessellation)

- 정의: 평면이나 공간을 도형으로 빈틈없이 채우는 것
- 유사어: 쪽 맞추기, 쪽매 맞춤, 쪽매 붙임
- 예: 옷감, 건물벽, 보도블록, 벽지, 천정, 경복궁, 알람브라 궁전, 보석함 등
- 가능한 정다각형: 정삼각형, 정사각형, 정육각형

테셀레이션은 1세기 고대 로마인들이 이용한 '테셀라'라고 부르는 작은 정사각형의 돌에서 유래되었답니다.

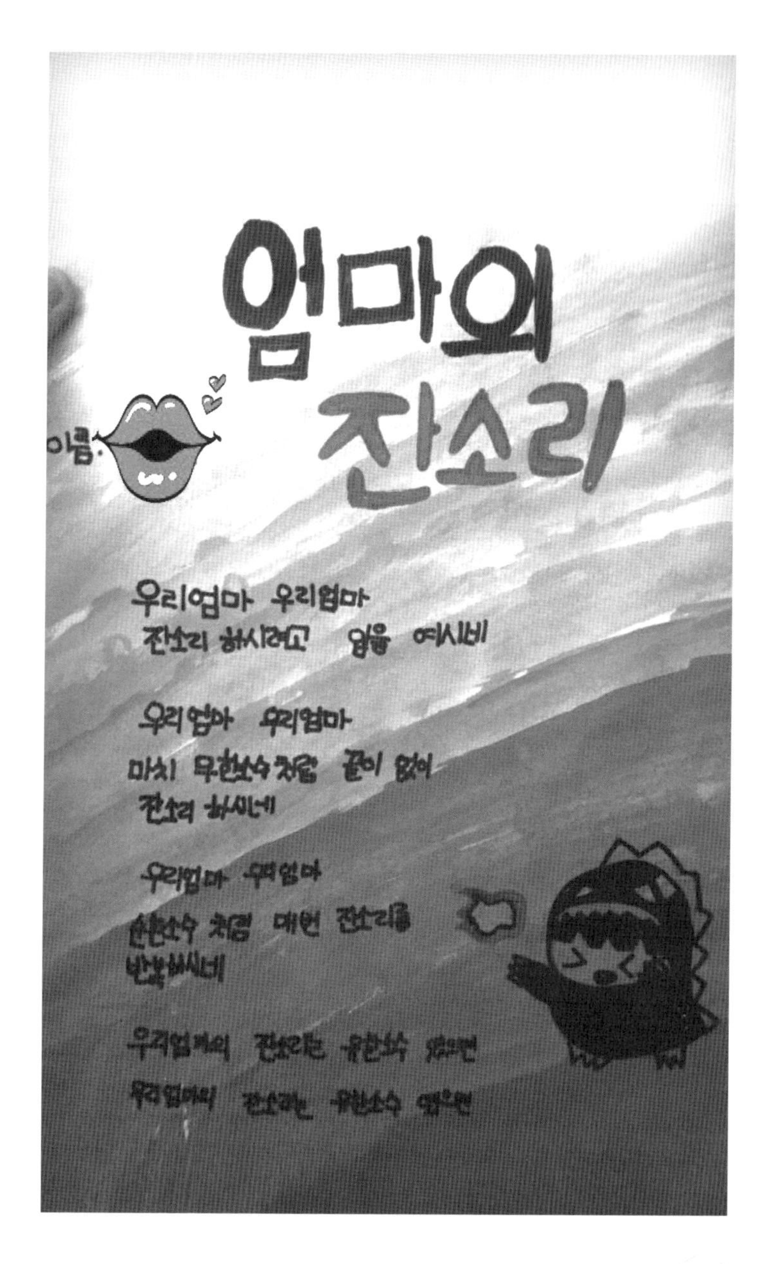
엄마의 잔소리
이름:
우리엄마 우리엄마
잔소리 하시려고 입을 여시네
우리엄마 우리엄마
마치 무한소수 처럼 끝이 없이
잔소리 하시네
우리엄마 우리엄마
순환소수 처럼 매번 잔소리를
반복하시네
우리엄마의 잔소리는 유한소수
우리엄마의 잔소리는 유한소수

제6장

문자와 식

생활 깊숙이 파고든 수학

1 다항식을 배우는 이유 (Why Do I Learn Polynomies?)(고1 다항식)

'수학에 대한 불안감과 공포감이 학생들을 포기하게 만드는 것이 아닐까?' 하는 생각을 해 봅니다. 학생들이 수학이라는 묵직한 공포감과 불안감을 떨쳐 버리도록, "수학은 우리의 삶이고 인생의 한 부분으로 표현되는 현상이다."라고 알려 줘야 합니다.

여러분은 '다항식' 하면 무엇이 떠오르나요? 항이 많은 식, 단항, 다항, 동류항, 상수항 또는 결합 법칙, 분배 법칙 등이 생각날지 모르겠네요. 학생들은 다항식을 토대로 다항식의 사칙연산, 조립제법, 항등식, 나머지정리, 인수정리 등을 배우게 됩니다.

다항식은 수, 미지수인 문자, 차수 등으로 구성되어 있는데, 다항식이 현실에서 쓰임새가 있어야 학생들의 관심을 끌 수 있습니다. 그래서 저는 다항식을 수업할 때 다양한 것들의 개수들이 모여 있는 상황을 생각해 보게 합니다.

사업장에서의 재고 관리 프로그램과 연결

예를 들어, 생선 사업장의 주인이 출근하여 어제 재고를 확인합니다. 어제 남은 것은 고등어 4상자, 오징어 9상자였고, 오늘 도매상에서 올 것은 고등어 5상자, 오징어 3상자입니다. 이때 고등어와 오징어 총 상자의 합을 구하는 데 다항식을 활용해 봅시다.

$$(4x + 9y) + (5x + 3y) = (4x + 5x) + (9y + 3y) = 9x + 12y$$

위와 같은 다항식으로 간단히 재고를 파악하여 도매상에게 필요한 정보를 줄 수 있습니다. 이때 소매상 입장에서는 판매되는 현황에 따라 도매상에게 물건을 선주문 하면 되겠지요.

이처럼 다항식 덧셈(뺄셈)의 사례는 우리 일상생활에서 흔하게 볼 수 있습니다.

● 다항식의 법칙이 영어에도 적용?!

놀라지 마세요. **다항식의 결합 법칙과 분배 법칙이 '영어'에서도 사용될 수 있답니다.** 결합 법칙 '$(ab)c = a(bc)$', 분배 법칙 '$ax + bx = x(a + b)$'가 어떻게 사용되는지 살펴봅시다.

(a) Her patience makes a good teacher.

(그녀의 인내심이 훌륭한 선생님을 만든다.)

(b) Her dedication makes a good teacher.

(그녀의 헌신이 훌륭한 선생님을 만든다.)

위의 두 문장을 보면 patience와 dedication만 다를 뿐, Her와 makes a good teacher는 공통됩니다. 이 두 문장을 한 문장으로 결합하여 나타내면 어떻게 될까요? 두 문장 각각에 있는 Her

를 A라고 하고, makes a good teacher를 B라고 가정해 봅시다.

문장 (a)는 'A patience B', 문장 (b)는 'A dedication B'입니다. 두 문장을 합하면 'A patience B + A dedication B'가 됩니다. +는 영어에서 and가 되지요. 그래서 이를 결합 법칙으로 정리하면 'A (patience and dedication) B'가 됩니다. A값 Her와 B값 makes a good teacher를 다시 각각 A와 B에 대입해 보면, 아래와 같습니다.

Her patience and dedication make a good teacher.
(그녀의 인내심과 헌신이 훌륭한 선생님을 만든다.)

이와 같이, 우리 주변에서 관찰할 수 있는 여러 변화되는 현상을 다항식으로 표현하면 간단하고 이해하기 쉽습니다. 복잡하지 않고 단순하게 인식하여 일상생활의 불편한 문제를 쉽게 해결할 수 있는 것입니다.

● 음식의 칼로리(열량), 어떻게 측정할까요?

우리는 다양한 영양소가 담긴 음식을 먹은 후, 걷기나 달리기 운동 등을 통해 열량(칼로리 kcal)을 소비할 수 있습니다. 영양학에서는 지방은 1g당 9kcal의 열량, 단백질과 탄수화물은 1g당 4kcal의 열량을 가지고 있는 것으로 계산합니다. 열량을 계산할 때도 다항식 사칙연산을 이용하면, 편리하고 쉽게 계산할 수 있답니다.

예를 들어, 한 패스트푸드 업체의 햄버거가 탄수화물 47g, 지방 27g, 단백질 24g으로 구성되어 있다고 할 때, 총 칼로리인 열량을 구하는 방법으로 다항식을 이용할 수 있습니다.

> 식품 속에 들어 있는 탄수화물, 단백질, 지방의 양을 각각 ag, bg, cg이라고 할 때, 식품의 열량은 (4×a + 4×b + 9×c)kcal와 같이 나타낼 수 있습니다.
>
> 총 칼로리는,
>
> 탄수화물(47g×4kcal) + 지방(27g×9kcal) + 단백질(24g×4kcal)
>
> = 188kcal + 243kcal + 96kcal = 527kcal이 됩니다.

단품 햄버거 1개의 열량은 527kcal 정도가 되는 것입니다. 달리기를 1시간 해야 겨우 900kcal 정도가 소비되고, 소모하는 지방의 양은 아주 적은 50g 정도가 된다고 합니다. 햄버거 세트 메뉴를 주문하여 먹게 되면, 어마어마한 열량을 섭취하게 되는 것이지요.

아무리 운동을 열심히 해도 먹는 것을 줄이지 못하면 다이어트가 쉽지 않아요. 운동을 열심히 하고 음식을 적게 먹어야 하는 다이어트, 그것은 참 어렵습니다.

<table>
<tr><th>제품명</th><th>단품 열량</th><th>세트 열량</th><th>세트 평균 열량</th></tr>
<tr><td>더블와퍼</td><td>934</td><td>1437</td><td rowspan="9">1107.8</td></tr>
<tr><td>치즈와퍼</td><td>716</td><td>1219</td></tr>
<tr><td>치킨크리스피버거</td><td>636</td><td>1199</td></tr>
<tr><td>치킨버거</td><td>671</td><td>1174</td></tr>
<tr><td>와퍼(불고기)</td><td>619</td><td>1122</td></tr>
<tr><td>베이컨더블치즈버거</td><td>552</td><td>1055</td></tr>
<tr><td>갈릭스테이크하우스버거</td><td>482</td><td>988</td></tr>
<tr><td>와퍼주니어(불고기)</td><td>399</td><td>902</td></tr>
<tr><td>불고기버거</td><td>371</td><td>874</td></tr>
</table>

▲ 다양한 햄버거의 열량

리차드 파인만 - 수학을 알면 최고의 아름다움을 느낀다

미국의 물리학자인 리차드 파인만(1918~1988)은 노벨 물리학상을 수상하였습니다. 그는 "수학을 모르는 사람들은 자연의 최고 아름다움을 느낄 수 없다."라고 하였어요.

수포자(수학 포기자)는 자연의 최고 아름다움을 느낄 수 없다고 하니, 지금부터라도 수성자(수학 성공자)가 되어 자연의 아름다움을 느껴 보세요.

2 달력/도형으로 다항식 이해하기 (중3, 고1 인수분해)

"4년마다 윤년이 찾아옵니다(Every four years, the leap year comes)."

알고 보면 신통방통한 달력

우리는 늘 스마트폰이나 컴퓨터 화면 오른쪽 하단의 날짜와 시간을 주기적으로 확인하면서 달력의 소중함을 느끼며 살고 있습니다. 10년 전까지만 해도 누구나 손목에 시계를 하나씩 차고 다녔지요. 물론 지금도 시계나 스마트폰과 연동된 스마트워치를 차고 다니기는 합니다.

우리 생활은 태양과 밀접한 관련을 가지고 있습니다. 지구가 태양 주위를 공전하는 데 걸리는 시간은 어느 정도일까요?

실제로는 우리가 생각하는 365일로 딱 떨어지지 않아요. 정확하게는 약 365.242일입니다. 태양을 기준으로 하는 태양력을 처음 만든 것은 이집트인들입니다. 나일강이 매년 범람하는 때에 동틀 녘 동쪽 하늘에 뜨는 태양의 위치가 일정하다는 사실을 관측하여 태양력을 만들었다고 합니다. 이때 이집트인들은 12개월을 모두 30일로 하고, 360일이 되는 1년의 마지막 날에 5일을 더하여 365일로 된 달력을 만들어 사용했어요. 하지만 애초의 365.242

일과의 오차가 해가 갈수록 벌어지게 되었습니다.

이후 율리우스력이 등장하였어요. 이는 그리스의 태음력에 기초하여 사용한 달력으로, 2월만 날짜 수가 적고, 나머지 11달은 30일 또는 31일로 되어 있습니다. 또 4년마다 한번씩 윤년을 사용하도록 했답니다. 이때 율리우스력은 1년을 365.242일 대신 365.25일로 사용해서, 원래 사용된 것보다 조금 긴 태양력을 갖게 되었어요.

율리우스력을 사용하다 보니, 시간이 지날수록 약 10일의 오차가 생겼지요. 이러한 오차를 바로 잡기 위해 교황 그레고리우스 13세는 그레고리력을 만들었습니다. 그레고리력은 율리우스력과 같이 4년마다 윤년을 두고, 100의 배수이면서 400의 배수가 아닌 해는 그냥 평년으로 합니다. 이 달력은 400년 동안 97번의 윤년을 두게 되어, 율리우스력에서 400년마다 3일이 많아지는 단점을 고치게 되었답니다.

오늘날 우리가 편리하게 사용하는 달력은 그레고리력에 기초하고 있어요. 1년의 길이가 365일 5시간 49분 12초로, 1만 년 동안에 약 3일이 길어지고, 1년 동안에는 약 26초가 길어진답니다. 오차의 범위를 이만큼 줄이면서 사람들의 생활이 더 편리해진 것이에요.

요즘은 날짜 계산 프로그램으로 달력, 양·음력, 기념일, 전역일, 출산 예정일 등을 정확하고 손쉽게 알 수 있습니다. 소수점 이하의 숫자가 발생하지 않도록 나누는 수와 몫에 따라 나머지가 적어지게 되면, 딱 떨어지지는 않아도 유사하게 되어 편리하게 사용할 수 있는 것이지요.

수학에서 13을 5로 나누면 몫이 2이고, 나머지가 3이 됩니다. 하지만 15를 5로 나누면 몫이 3이 되고 나머지는 0으로, 15는 5로 나누어떨어집니다. 이럴 때 '나누어떨어진다'라는 표현을 씁니다.

● 도형으로 다항식의 인수분해 이해하기

다항식을 인수분해 할 때, 인수분해 공식이 생각나지 않거나 근의 공식이 떠오르지 않아서, 또는 고등학교에서 배우는 조립제법을 잊어서 막막했던 기억이 있을 거예요.

하나의 다항식을 두 개 이상의 다항식의 곱으로 나타내는 것을 '인수분해'라고 하는데, 2차 다항식의 인수분해는 평면도형인 사각형의 넓이를 통해 쉽게 이해하고 해결할 수 있습니다.

가령, $x^2+3x+2=(x+2)(x+1)$

이처럼 2차 다항식의 인수분해는 두 개 다항식의 곱이 되며, 거꾸로 두 개 다항식의 곱을 다시 전개하면 2차 다항식이 됩니다.

3차 다항식의 인수분해도 입체도형인 직육면체나 정육면체를 구성하는 블록 낱개들의 합을 3차 다항식이라고 보고, 이 조각들의 블록을 입체도형의 형태로 합쳐 보면, 아래와 같이 정육면체의 부피가 됨을 알 수 있답니다.

$$x^3+3x^2+3x+1=(x+1)(x+1)(x+1)=(x+1)^3$$

좌변과 우변은 서로 똑같은 '항등식'이라는 것이 되며, 각 조각 블록 부피들의 합은 결국 큰 블록인 $(x+1)^3$이 되는 것이지요.

다항식의 인수분해는 우리 생활에서 쉽게 볼 수 있는 큐브나 물체의 넓이, 부피 등을 활용하여 설명하면 학생들이 쉽게 알 수 있습니다.

고등학교에서 배우는 다항식의 인수분해는 주로 3차 이상의 다항식을 다룹니다. 수많은 수학자들이 다양한 유형의 3차 이상의 다항식을 전개하여 유사한 패턴을 발견하였고, 우리가 그것을 '인수분해 공식'으로 교과서에서 배우게 된 것이지요.

수학을 배우는 중·고등학생들이 특히 관심을 갖는 분야가 바로 다항식의 인수분해입니다. '다항식이라는 큰 덩어리가 과연 어떤 인수들로 구성되었는가?'에 대한 궁금증에서 출발한 것으로 보입니다. 그리고 다항식에는 상당히 체계적이면서도 딱 맞아 떨어지는 오묘한 매력이 있습니다.

저는 다항식 수업 때 학생들에게 다양한 다항식을 소개하면서 다항식 속에 존재하는 의미를 표현하게 하고, 다항식이 어떤 인수들의 곱으로 표현되는지를 터득하게 합니다.

$$a^3-b^3=(a-b)(a^2+ab+b^2)$$

$$a^3-b^3 \quad = \quad a^2(a-b) \quad + \quad b^2(a-b) \quad + \quad ab(a-b)$$

다음은 수학 교과서에서 자주 활용되는 '인수분해 공식'입니다.

1. $a^2+2ab+b^2=(a+b)^2$

2. $a^2-b^2=(a+b)(a-b)$

3. $x^2+(a+b)x+ab=(x+a)(x+b)$

4. $acx^2+(ad+bc)x+bd=(ax+b)(cx+b)$

5. $x^3+(a+b+c)x^3+(ab+bc+ca)x+abc=(x+a)(x+b)(x+c)$

   $x^3-(a+b+c)x^2+(ab+bc+ca)x-abc=(x-a)(x-b)(x-c)$

6. $a^2+b^2+c^2+2ab+2bc+2ac=(a+b+c)^2$

7. $a^3+3a^2b+3ab^2+b^3=(a+b)^3$

   $a^3-3a^2b+3ab^2-b^3=(a-b)^3$

8. $a^3+b^3=(a+b)(a^2-ab+b^2)$

   $a^3-b^3=(a-b)(a^2+ab+b^2)$

9. $a^3+b^3+c^3-3abc=(a+b+c)(a^2+b^2+c^2-ab-bc-ac)$

10. $a^4+a^2b^2+b^4=(a^2+ab+b^2)(a^2-ab+b^2)$

3 어느 쪽을 택할까? 생수 한 병 더 또는 할인 (중1 문자와 식)

지난 2017년 홍콩에서는 생수 한 병의 가격이 14만 원에 달하는 '빙하 생수'가 출시되어 논란이 있었습니다. 이 생수가 빙하를 녹여서 만드는 방식이라 북극 생태계를 위협한다는 지적이 제기된 것이었어요.

생수 회사는 점점 고급화를 추진하고 있지만, 그럼에도 불구하고 물은 우리가 매일 먹는 필수적인 것이어서 가정이나 직장에 흔하게 정수기가 비치되어 있지요.

마트나 편의점에서는 생수를 6개씩 묶어서 판매합니다. 이 2리터짜리 생수 1병의 가격을 500원이라고 합시다. 아래와 같이 두 군데의 편의점에서 생수를 판매한다고 할 때, 어느 편의점에서 구입하는 것이 좋을까요?

A편의점 <5병 사면 1병 더>

5병 사면 1병 더 준다고 합시다. 그럼 5병×500원 = 2,500원에 6병 구입이 가능합니다.

B편의점 <6병의 가격에서 10% 할인>

6병×500원 = 3,000원에서 10%를 할인해 주면 3,000원-300

원 = 2,700원에 구입이 가능합니다.

결국 A편의점에서 생수를 구입하는 것이 소비자 입장에서는 유리하게 됩니다.

이처럼 문자와 식을 사용하면 두 군데를 비교하기가 편리합니다. **일상생활 속에서 수학을 사용하는 것이 조금이라도 돈을 아낄 수 있는 지혜로운 소비자가 되는 길임을 기억하세요.**

생수병도 유통 기한이 있어요

- 먹는 샘물 제조 관리법에 따른 생수의 유통 기한은 6개월~1년입니다.
- 생수의 유통 기한보다 생수병의 유통 기한이 더 중요합니다.
- 개봉한 플라스틱 생수병 유통 기한은 단 하루입니다.
  - PET(PETE, 페트): 세균 번식 위험 높음, 재사용 금지
  - PP: 재사용 가능, 친환경 소재, 독성에 안전
  - HDP(HDPE): 재사용 가능, 전자레인지 사용 가능

4 수타 자장면
(중2 단항식의 계산, 지수법칙)

● 온 국민이 좋아하는 자장면에 수학이?

아이들과 일상생활에서 경험한 소재를 가지고 와서 수업을 진행하면 수학 수업이 풍부해집니다. 저는 단항식과 지수법칙을 지도할 때, 주로 수타 자장면을 소개합니다.

대부분의 중국 음식점에서는 온 국민이 사랑하는 자장면에 기계로 면발을 뽑아 쓰는 기계면을 사용합니다. 그래서 저는 예전에 많았지만 지금은 거의 없어진 수타면이 보이면 그 식당으로 들어가게 됩니다. 참고로 기계면보다 수타면 가격이 조금 비싸답니다.

자장면 한 그릇에는 보통 120g의 면이 담긴다고 합니다. 면 재료로는 밀가루, 요리유, 계란, 약간의 소금 등이 들어갑니다.

수타면은 반죽 한 가닥을 두 번 접어 만들 수도 있고, 세 번 접어 만들 수도 있다고 합니다. 통상 우리가 맛보는 수타면은 덩어리 반죽 한 가닥을 두 번씩 접어서 만든다고 해요.

바로 여기에 2배 증가하는 지수법칙이 들어가 있어요. 자장면 한 그릇 양인 120g의 반죽 덩어리를 1이라고 하면, 덩어리를 한 번 치대서 2가닥이 되고, 다시 치대서 접으면 4가닥, 8가닥, 16가닥, 32가닥, 64가닥, 128가닥이 됩니다. 여러분이 먹는 자장면 1인분 한 그릇에는 평균 128가닥($2\times2\times2\times2\times2\times2\times2=128=2^7$)이 담기게 되는 것이에요.

학생들은 종종 "선생님, 왜 기계면보다 수타면을 선호할까요?"라는 질문을 던집니다. 그러면 저는 학생들에게 예전에 주방장에게 전해 들은 이야기를 들려줍니다. "수타면이 기계면보다 좋은 점은 말이야, 반죽을 때릴 때 반죽 속의 공기가 빠져나가고 밀가루 간의 결합이 커지면서 응력이 생겨 면발이 더욱 쫄깃쫄깃해진다는 것이지."

고교 동창의 부모님께서 중국집을 운영하셨는데, 그때만하더라도 수타면이 크게 유행이었지요. 밀가루 한 포대로 대략 자장면 80~120그릇을 만들 수 있는 양이 나온다고 합니다. 그래서 주인의 입장에서는 밀가루 한 포대로 만들어지는 자장면 그릇의 수에 따라 주방장의 월급이나 수당을 정했다고 합니다. 요즘도 그럴까요?

주방장이 정교하게 면발을 뽑아내느냐에 따라 자장면 그릇

수를 늘릴 수 있을 거예요. 하지만 고객의 입장에서는 그런 주방장이 있는 곳에 가면 양이 줄어들 수도 있습니다. 수타면을 뽑아내는 주방장 중에 더 숙달이 되면, 반죽을 치대어 한 가닥을 2등분하는 것을 넘어 3등분으로 만드는 달인도 있다고 합니다. 이때 한 번씩 치대면 3가닥, 9가닥, 27가닥, 81가닥, 243가닥이 나오게 되는 것이에요. 자장면 한 그릇에 128가닥의 면발이 들어가는데, 이 달인은 5번 치대도 무려 243가닥이 나오니 자장면 2인분(256가닥)과 근접한 양을 만들어 내는 것이지요.

수업을 마무리할 때는 "단항식이나 다항식은 우리 생활과 밀접한 관련이 있고, 그걸 업으로 하는 분들도 많이 계신단다."라고 아이들에게 말합니다.

그리고 이와 같이 생활과 관련된 이야기를 하며 수업을 하다 보면, '언젠가 아이들을 위해 가사실에 가서 직접 반죽을 가지고 실습하면서 자장면도 만들어 봐야지.'라는 작은 소망이 생깁니다.

순환소수

끊임없이 돌아가는 순환소수
순환소수처럼 내 마음도
끊임없이 돌아간다

내 마음 속
알다가도 모르겠는 미지수 하나
진실인듯 거짓인듯 사랑 방정식 하나
xy같은 친구와 가족들

오늘도 순환소수 같이
내 마음도 끊임없이
돌아간다

제7장

문자와 식

신박한 수학의 세계

1 전체와 닮은 모양, 프랙탈(무한 자기복제) (고1 방정식과 부등식, 복소수)

"우리는 누군가의 뇌 속에 있을지도 모른다."

고1, 고2 복소수, 무한급수

학교에서는 프랙탈 구조와 관련하여 수행평가를 실시하거나, 학생들에게 활동 과제로 부여합니다. 학생들은 한 부분에서 전체의 모습을 보면서 감탄사를 연발합니다.

"와, 어찌 이런 그림이 만들어질까요?"

"자연에서도 있을까요?"

학생들은 프랙탈 구조와 이론을 배우는 과정보다 직접 프랙탈 구조를 그려 보는 활동을 통해 제대로 이해하게 됩니다. 무엇보다 "여러분 인체에도 프랙탈 구조가 있어요."라고 이야기하면, 아이들은 "어디에 있어요?"라며 큰 호기심을 갖습니다.

신비한 자연의 아름다움 속에는 프랙탈이

코흐 눈송이, 시어핀스키 삼각형, 고사리 잎, 번개, 리아스식 해안, 브로콜리, 마트료시카(인형 안에 작은 인형이 겹겹이 들어 있는 러시아 전통 인형) 등은 반복되는 구조를 가지고 있습니다.

수학자 망델브로(1924~2010)는 '영국의 해안선 길이는 얼마일까?'라는 질문의 답을 찾다가, 리아스식 해안의 움푹 들어간 해안선 안에 굴곡진 해안선이 이어지고 있으며, 다시 움푹 들어간 해안선 안에 또 다시 굴곡진 해안선이 계속되고 있음을 발견했어요.

이와 같이 **부분이 전체와 닮은 모양이 한없이 무한 반복되는 구조를 '프랙탈(fractal)'이라고 합니다.** 일명 '자기 유사성'이라고 하며, 작게 축소하거나 크게 확대하여도 전체와 같아지는 신비로운 성질이 있답니다.

자연에서도 프랙탈('쪼개지다, 부서지다'라는 뜻) 구조는 무수히 많은데, 평면은 2차원, 공간은 3차원, 프랙탈은 분수차원이라고 합니다. 1/3과 같은 분수를 영어로 Fraction이라고 하는데, 프랙탈과 이니셜이 비슷해요.

● 미국 네바다 주의 정체 모를 사막에 그림이

미국 네바다 주의 정체 모를 사막(블랙 록 사막)에서 1,000개가 넘는 원으로 구성된 거대한 그림이 발견되었습니다. 이 그림이 아폴로니안 개스킷이라는 프랙탈 도형의 일부라니 참으로 놀랍습니다. 이 그림은 불모지와 같은 사막에 활력소를 주기 위해 만든 작품이라고 해요. 모래 예술가인 짐 데네반이 동료 작가들과 제작을 했답니다.

다양한 플랙탈 도형들을 자연에서도 찾아볼 수 있습니다. 일명 코흐 곡선(눈송이)으로 유명한 눈의 결정은, '겨울 왕국'에서 엘사가 눈 결정체로 된 바닥에서 'Let it go' 노래를 부르는 장면을 떠올려 보면 됩니다. 눈의 구조는 6각형이며, 전체 구조 속의 부분은 또 다시 눈의 전체 구조를 가지고 있답니다.

이 외에도 시에르핀스키 삼각형, 파스칼의 삼각형 등이 있습니다.

인체의 신비를 찾아서

우리 인체 속에서도 프랙탈이 관찰됩니다. 프랙탈은 '유한한 부피를 갖지만, 겉넓이는 무한이 되는 성질'이 있는데, 몸속의 폐와 허파꽈리, 뇌(수많은 주름), 눈 등에서 프랙탈 구조를 찾아볼 수 있답니다. 몸속의 중요한 장기들이 프랙탈 구조라는 것은, 소중하고 복잡한 우리 몸에 일정한 규칙성이 존재한다는 사실을 알려 줍니다.

디지털 아트로 변모하는 프랙탈

프랙탈 아트(디지털 아트의 한 유형)에서 드리핑 기법(일명 물감 뿌리기)으로 획기적인 작품을 선보인 화가 '잭슨 폴록(1912~1953)'은 세계적으로 유명세를 탔던 작가입니다. 그런데 잭슨 폴록이 젊은 나이에 요절하면서(향년 44세), 그가 남긴 유작들에 대한 작품 경매에서 진품인지 가품인지 고민이 많았다고 해요. 이때 결정적인 역할을 한 것이 프랙탈 구조라고 합니다.

드리핑 기법으로 프랙탈을 그림에 반영한 잭슨 폴록의 작품들은 결국 프랙탈 구조로 진품 여부를 판단 받는 최초의 작품이 되었습니다.

프랙탈 도형은 복소수?!

프랙탈 도형은 복소수(z=a+bi)를 이용하여 정의할 수 있으며, 실수 a, b의 순서쌍 (a, b)에 대응하는 좌표평면 위에 점으로 나타내 표현할 수 있답니다.

프랙탈 도형은 모양이 복잡하고, 실제 그림으로 그리는 것이 어려웠어요. 그러다 20세기 후반에 컴퓨터가 발전하면서 프랙탈 도형을 손쉽게 그릴 수 있는 다양한 프로그램이 제작되어 편리하게 구현할 수 있게 되었습니다.

갈릴레이는 '신은 수학이라는 언어로 우주를 창조했다.'고 하였습니다. 수학을 연구하다 보면, 우주의 신비로움까지도 누릴 수 있을 듯합니다.

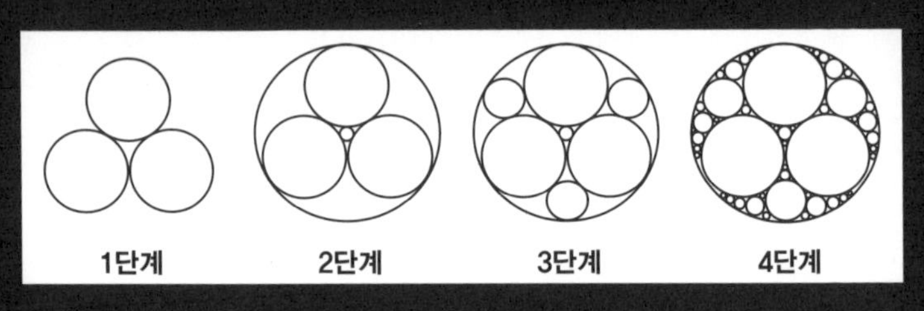

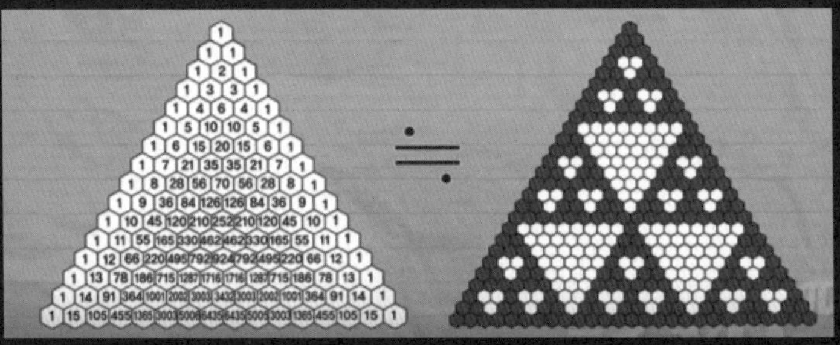

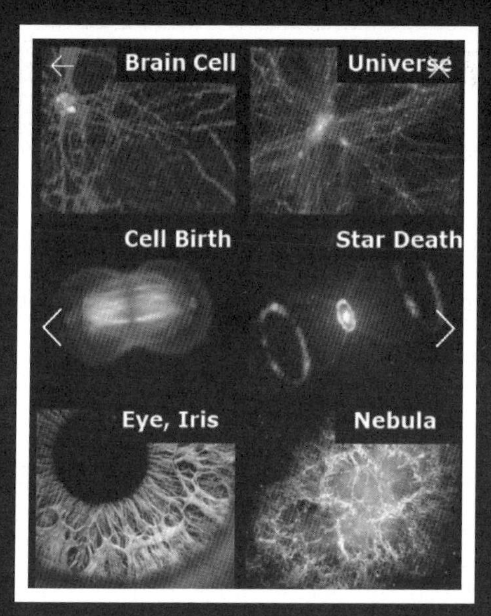

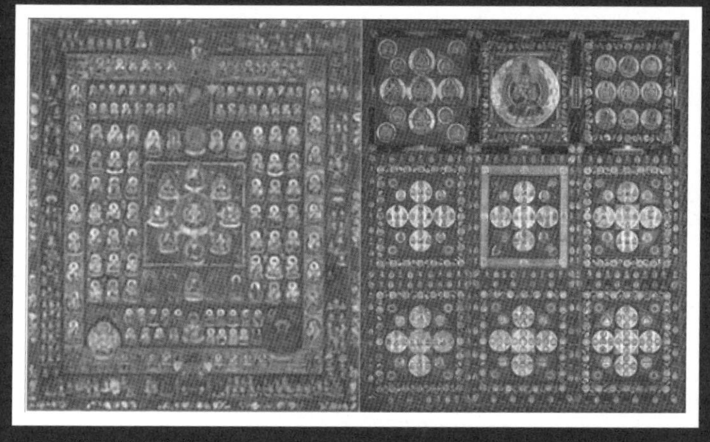

▲ 다양한 프랙탈 패턴

2 생일 맞추기 숫자 마술, 숫자 붙이기 마술 (중1 문자와 식)

생일 맞추기 숫자 마술

숫자를 적절히 활용하면 상대방의 생일을 맞출 수 있습니다. 몇 가지만 알아 두면 되는데, 먼저 계산기나 스마트폰의 계산기 앱이 필요해요.

예를 들어, 상대방의 생일이 7월 27일이라고 하면, 727로 표기합니다. 만약에 생일이 1월 1일이라면, 표기는 101로 합니다.

상대방에게 "너의 생일에 5를 더해, 다시 5를 곱해, 다시 8를 빼, 다시 4를 곱해, 다시 5를 더해, 다시 5를 곱해, 처음에 넣었던 생일값을 다시 더해."라고 하면서 다음과 같이 따라해 봅니다.

생일 표기하기(예를 들면, 727)

(생일값)+5=A

A×5=B

B-8=C

C×4=D

D+5=E

E×5=F

F+(생일값)=G

G-365(최종값에서 365를 빼기)

---

(727)+5=732

732×5=3660

3660-8=3652

3652×4=14608

14608+5=14613

14613×5=73065

73065+(727)=73792

73792-365=73427

이렇게 하여 나타난 숫자 73427에서, 맨 앞자리(7)와 맨 뒷자리(27)의 2자리 숫자를 보면 상대방의 생일을 알 수 있지요. 이처럼 계산을 통해 상대방의 생일을 맞추는 '숫자 마술'은 많이 있답니다.

● 숫자 두 개 붙이기 마술

생각한 숫자(상대방의 생일 포함)만 맞추는 것은 식상할 수도 있어요. 그래서 이번에는 상대방이 머릿속으로 떠올리는 숫자를 맞춰 보는 마술을 해 봅시다.

우선 상대방에게 "머릿속으로 세 자리 숫자를 생각하고 기억해 주세요."라고 말합니다.

예 727

"그 숫자에 7을 곱해 주세요."

727×7=5089

"나온 숫자에 11을 곱해 주세요."

5089×11=55979

"다시 나온 숫자에 13을 곱해 주세요."

5979×13=727727

"나온 숫자는 얼마인가요?"

"네, 727727이에요."

"생각하고 기억한 숫자는 727이군요."

이와 같은 숫자 마술은 신기하고 신비스러워요. 계산하면서 숫자가 커지게 되니 암산보다는 계산기 사용이 필요한 마술입니다.

3 알고 나면 재미있는 신박한 계산법 (초등, 중2 다항식의 계산)

신박한 계산 방법에 빠져 보자

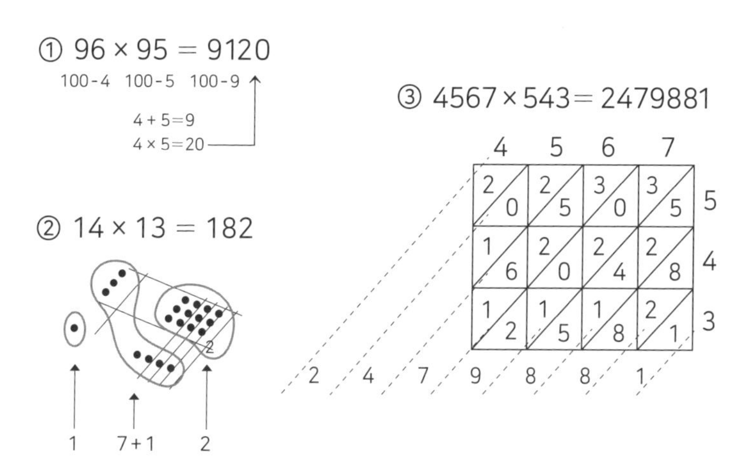

학생들은 계산을 정말로 싫어해요. 무엇보다 자릿수가 늘어나는 곱셈과 나눗셈은 취약으로 생각합니다. 그래서 선진국에서는 교육과정에도 계산기 사용을 허용하고 있어요. **우리나라도 필요시에 계산기 사용을 장려하는 교육이 되면 좋을 것 같습니다.**

위의 그림처럼 여러 나라에서는 다양한 방법으로 곱셈을 계산합니다. 이 중에서 쉽게 따라할 수 있고, 금방 적용해 볼 수 있는 방법을 터득해 보세요.

①번 계산법은 인도에서 사용하는 방법입니다. 96=100-4, 95=100-5이므로, 96과 95의 곱은 4와 5의 합과 곱을 이용하여 쉽게 구할 수 있다는 것입니다.

이 과정에서 중학교 때 배우게 되는 곱셈 공식 $(x+a)(x+b)=x^2+(a+b)x+ab$가 사용됩니다. 여러분은 곱셈 공식을 몰라도 인도 계산법으로 쉽게 이용할 수 있을 것입니다.

②번 계산법은 신기하게도, 숫자대로 종이에 직선 줄을 긋고, 선이 교차하는 점을 세면 쉽게 답을 구할 수 있는 방법입니다.

먼저 14를 1과 4로 분리하고, 1을 사선으로 1줄 긋고, 이 줄과 평행하게 아래쪽에 4를 4개의 직선으로 긋습니다.

13을 1과 3으로 분리하여 1, 4와 교차하게 1줄 직선을 긋고, 그 줄과 평행하게 3줄을 그어요.

맨 왼쪽 부분에 교차점이 1개, 중간 부분의 위에 3개, 아래에 4개, 총 7개가 생깁니다.

맨 오른쪽 부분의 교차점 12개 중 일의 자리인 2만 남기고, 10의 자릿수 1은 중간 부분에 더해 줍니다.

그러면, 1개, 7+1=8개, 2개

즉, 182가 됩니다.

이런 줄긋기 계산 방법으로 곱셈 이외의 다른 셈도 계산이 가능한지 한번 시도해 보세요.

③번 계산법은 구구단을 이용하여 활용하는 방법입니다.

우선, 곱하려는 자릿수만큼 사각형의 네모칸을 그려 줍니다.

③번을 계산하려면 네 자리 수의 4와 세 자리 수의 3를 곱한, 총 12칸이 필요합니다.

그런 다음, 네모칸 안에 빗금을 그려 줍니다. 나중에 정답을 사각형의 아랫 부분에 작성할 예정이니, 대각선을 만들고 사각형 밖에도 점선인 빗금을 만들어 줍니다.

사각형 밖에는 곱하려는 수를 적어 주세요.(4567, 543)

각 네모칸 안에는 칸에 해당하는 수를 곱해 대각선 왼쪽에는 십의 자리, 오른쪽에는 일의 자리 숫자를 넣어 주면 됩니다.

이제, 예쁘게 계산값을 만들어 볼까요?

대각선 방향으로 각 수를 사각형 오른쪽 아래부터 적어 줍니다.

단, 이때 10의 자리를 넘어가면 올림해서 위로 넘겨 줍니다.

1,

8+2+8=18은 8만 남기고 10의 자릿수 1은 올려 줍니다.

5+2+4+1+5=17에 바로 아래에서 올라온 올림 1를 더하고,

17+1=18에서 8만 남기고, 10의 자릿수 1은 올려 줍니다.

…중략…

위와 같이 하면, 정답은 2479881이 됩니다.

이처럼 다양한 계산 방법을 관련 단원이 나올 때마다 학생들

에게 알려 주면 너무나 재미있어 하고, 일부 학생은 "이것은 마술이닷!"이라고 합니다.

우리나라의 구구단과 다른 신박한 계산법을 통해 학생들이 조금은 어색하고 신기한 계산법에 담긴 수학적인 원리를 배웠으면 합니다.

여러분, 여러 나라의 다양한 계산 방법을 알면, 수학의 신박한 마법에 빠져든답니다. 도전해 보세요!

가우스의 덧셈

방법1)

$$\begin{array}{r} 1+2+\cdots+99+100 \\ +\ \underline{100+99+\cdots+2+1} \\ 101+101+\cdots+10+101 \end{array}$$

100개

따라서 $1+2+\cdots+99+100=101\times50$

방법2)

$1+2+3+\cdots+98+99+100=101\times50$

- 이와 같은 덧셈 방법을 '가우스의 덧셈'이라고 합니다.
- 가우스가 10살 때 생각해 낸 계산법이라고 합니다.
- 이 방법으로 연속된 자연수의 합, 연속된 홀수의 합, 짝수의 합도 쉽게 구합니다.

4 심리 마술(숫자 마술) (중1 문자와 식)

학생들과 수업을 하다 보면, 집중력이 저하될 때가 있어요. 이럴 때 사용하는 방법 중에 간단하지만, 가성비가 높은 마술이 있습니다. 학생들의 심리를 이용하여 놀라움을 자아내는 숫자 마술이에요.

먼저 칠판에 1부터 25까지의 숫자 25개를 줄 맞춰서 적어 5줄로 만들어 놓습니다.

1	2	3	4	5
6	7	8	9	10
11	12	13	14	15
16	17	18	19	20
21	22	23	24	25

선생님이 선택한 숫자들의 합을 예언하는 봉투나 종이에 미리 65라고 결과를 적어 놓습니다. 그리고 "여러분, 이 봉투에는 선택된 숫자들의 합이 적혀 있어요. 나중에 개봉하도록 해요."라고 미리 일러둡니다.

그 다음 한 명의 학생에게 다음과 같이 말합니다.

"25개의 숫자 중에서 학생이 마음에 드는 숫자 하나를 선택해 주세요. 그리고 그 숫자를 기준으로 위, 아래, 왼쪽, 오른쪽에 있는 숫자에 선을 그어 주세요."

"1를 선택했군요. 1을 기준으로 아래, 오른쪽에 선을 그어 주세요. 이제, 한번도 표시하지 않은 숫자 하나를 선택해 주세요."

"17을 선택했어요. 17을 기준으로 위, 아래, 왼쪽, 오른쪽에 있는 숫자에 선을 그어 주세요. 그리고 또 다른 숫자를 선택해 주세요."

"8을 선택했군요. 이제 남아 있는 숫자 14, 15, 24, 25 중에서 하나를 선택해 주세요."

"15를 선택했어요. 마지막으로 남아 있는 24를 선택해 주세요."

"여러분, 친구가 1, 17, 8, 15, 24를 선택했어요. 선생님 선택이 아니라 친구가 스스로 규칙에 맞게 선택을 한 것이에요."

"이제 이 숫자들을 더해 주세요."

"1+17+8+15+24=65입니다."

"그럼, 처음에 봉투에 넣어 둔 숫자가 무엇인지 볼까요?"

"와우, 65!"

이 심리 마술인 숫자 마술에서 규칙대로 한다면, 어떠한 숫자를 선택하더라도 결과는 동일하게 나온답니다.

수를 이용한 숫자 마술은 우리에게 흥미와 신비로움을 느끼게 해 줍니다. 이를 통해 숫자와 친해지는 기회가 되었으면 합니다.

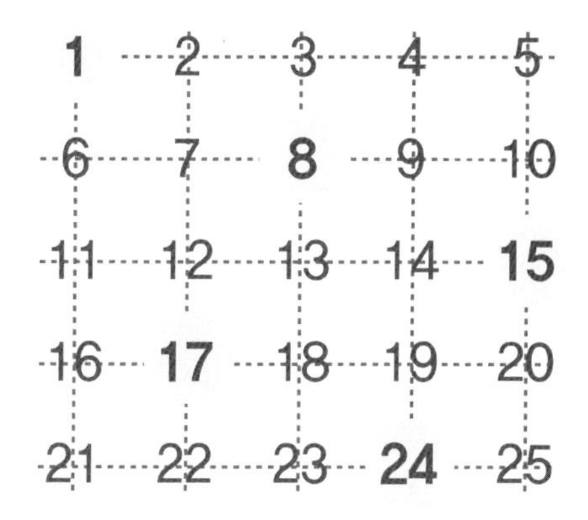

$$1+8+15+17+24=65$$

제8장

문자와 식

알고 보면
다 수학이야

1 생태적 배낭을 들어 보였나요? (중1 문자와 식, 일차방정식)

가진 돈만큼 편의점에서 물건을 사고 싶어요!

방정식은 미지수 x의 값을 구하는 것으로, x를 근이나 해라고 합니다. 방정식을 풀기 위해서는 등식을 알아야 해요. 등식은 말 그대로 등호를 사용하여 수량 사이의 관계를 표현하는 식입니다. 등호의 왼쪽 부분을 좌변, 오른쪽 부분을 우변이라고 하지요.

'400원짜리 연필 x자루와 500원짜리 지우개 1개를 산 가격이 1,700원'이라고 하면,

$400 \times x + 500 \times 1 = 1700$

즉, $400x + 500 = 1700$, $400x = 1200$, $x = 3$

따라서 연필은 총 3자루 구입했다는 것을 알 수 있어요.

이처럼 등식을 토대로 만들어진 '방정식'은 문자인 x가 방정식을 참이 되게 하는 미지수의 값을 구하는 것이에요.

아이들과 수업을 하다 보면, "왜 미지수를 구하죠?", "이것을 구하는 이유는 무엇인가요?" 하고 물어보는 경우가 많습니다. 그럼 "일상생활과 관련이 있기 때문이란다.", "우리가 편의점에서 물건을 살 때 가진 돈이 한정되어 있어서 고민하게 되잖아. 그때 수학을 이용하면 내가 원하는 것을 더 살 수 있거든."이라고 답을 해 줍니다.

우리가 사는 세상도 미지수 덩어리랍니다. 알 듯 말 듯한 오묘한 세상 속에서 수학의 쓰임을 찾아보는 것은 어떨까요?

손, 목을 장식하는 금반지, 금목걸이 뒤에 숨은 아픔 - 생태적 배낭

저는 학생들에게 방정식을 지도할 때, 실생활에 관련된 스토리를 가지고 다가서는 경우가 많아요. 때로는 학생들의 흥미를 끌고 호기심을 자극하는 소재가 중요합니다.

혹시 지금 손가락에 금반지를 끼고 있다면, 그 금반지(요즘은 14K, 18K가 주류)는 몇 돈 혹은 몇 g일까요? 사람들이 좋아하는 금 3g(1돈 무게는 대략 3.75g)을 얻으려면, 자연에서 무려 1,620kg 무게의 물질이 필요합니다.

제가 지금 손가락에 낀 반지의 금 6g을 위해 3,240kg의 물질이 소비된 것입니다. 금 3g을 금 1kg으로 늘려서 생각해 보면, 자연에서 무려 540,000kg의 물질이 필요하겠지요. 어마어마한 일입니다.

이와 같이 **어떤 제품 하나를 만드는 과정에 들어간 물질의 전체 무게에서 그 제품의 무게를 뺀 값을 '생태적 배낭'이라고 합니다.** 이 용어는 독일에서 가장 먼저 정의했다고 해요.

학생들에게 이와 같은 이야기를 들려주면서, 식을 세우고 계산하는 과정을 학습하게 하면 뛰어난 집중력을 발휘합니다. 식은,

'(어떤 제품의 생태적 배낭)=(사용된 물질의 전체 무게)-(어떤 제품의 무게)'입니다.

일례로 철의 경우, 제품 1kg에 해당하는 생태적 배낭이 20kg이라고 합니다. 철광석 채굴에서부터 완제품인 철 생산에 이르기까지의 과정에서 철 무게의 20배 정도의 물질이 관련된다는 뜻입니다.

그럼 무게가 3kg인 철 제품의 생태적 배낭은 몇 kg일까요? 무게가 $x$kg인 철 제품의 생태적 배낭을 식으로 나타내면, $20x$(kg)입니다. 그래서 정답은 60kg입니다. 이와 같은 생태적 배낭 사례를 통해 학생들은 환경의 소중함도 더불어 알게 됩니다.

금 1kg의 생태적 배낭은 540,000kg

알루미늄 1kg의 생태적 배낭은 35kg

니켈 1kg의 생태적 배낭은 141kg

은 1kg의 생태적 배낭은 7,500kg

다이아몬드 1kg의 생태적 배낭은 5,260,000kg

생태적 배낭의 무게가 큰 물질은 사람들이 많이 원하는 것이기 때문에, 희소성 가치가 부각되어 비싼 가격에 거래된다는 사실도 학생들이 알 수 있습니다.

그런데 왜, '생태적 배낭'이라는 이름을 붙였을까요? 이는 단순한 이유에서 붙여진 이름입니다. 우리가 등산하려고 배낭을 꾸릴 때, 쓸데없는 것은 넣지 않고 꼭 필요한 물건만 넣어서 힘들지 않게 등산하려고 하잖아요. 이러한 배낭의 무게는 본인이 견디면 됩니다. 하지만 생태적 배낭은 특정한 물질을 만들어 내는 데 소요되는 자연이 부담하는, 더 나아가 지구가 부담하는 무게가 되어 버립니다.

현재 국내를 비롯하여 선진국에서도 '생태적 배낭'에 대해 활발히 연구하고 있다고 하며, 더욱 정확한 배낭 수치를 위한 연구들을 진행 중이라고 합니다.

학생들에게 일차방정식을 소개하면서 흥미로운 소재를 활용하는 것은 참으로 소중한 과정입니다. 이 과정 속에서 학생들은 생태적 배낭이라는 환경 문제에 대해서도 생각하게 되거든요.

그동안 우리가 물질의 결과만 보고 그 생산 과정을 제대로 보지 못한 책임이 큽니다. 앞으로 가급적이면 물질의 무게가 가볍고, 생태적 배낭의 무게도 가벼운 물질을 사용해야겠어요. 생태적 배낭의 무게는 선진국보다 후진국이 더 무겁습니다. 후진국에 금광, 탄광, 공장이 밀집해 있기 때문이지요.

지금 우리 몸을 감싸고 있는 여러 물질들의 생산 과정을 한번 생각해 보는 기회가 되길 바랍니다.

2 지구를 구하는 히어로 어벤져스, 앤트맨과 양자역학(고1 방정식과 부등식, 복소수)

커지고 작아지는 양자역학이 영화로

요즘 개봉하는 영화에서는 양자역학이 자주 등장하고 있습니다. 이 양자역학도 수학과 관련이 있는데, 바로 '복소수'랍니다.

허수는 있지 않는 수를 의미하는데, 이 허수라는 용어를 사용한 수학자는 데카르트입니다. 또 복소수라는 용어를 도입하고, 복소수를 평면에서 점으로 표현한 수학자는 가우스예요. 복소수는 'a+bi(i는 허수, i의 제곱은 -1)'입니다. **복소수가 일상생활에서 사용되는 경우로는 양자역학, 만델브로 집합의 프랙탈 그림, 교류회로, 빛의 반사율 계산 등이 있습니다.**

우리는 중국집에 가서 '자장면을 먹을까? 짬뽕을 먹을까?'라는 고민을 많이 합니다. 양자역학은 자장면과 짬뽕을 동시에 먹는 상황을 염두에 두고 생각하면 좋을 것 같아요. 다시 말해, 양자역학이라면 자장면과 짬뽕을 동시에 먹을 수 있다는 것입니다.

양자역학은 우주의 신비를 알 수 있는 문입니다. 쉬우면서도 어려운 분야예요. 학생들은 보통 양자역학이라는 용어를 영화를 통해 듣고, 검색해 보아서 개념을 이해하고 있다고 해요.

쉽게 설명하자면, 컴퓨터는 0과 1로 설계되어 있어 0이나 1로

입력된 자료를 처리합니다. 반면, 양자역학의 원리에 따라 작동되는 양자 컴퓨터가 있는데, 이는 양자역학에 기반을 둔 독특한 논리 연산 방법을 도입하여 기존의 컴퓨터보다 정보 처리의 속도가 빠릅니다. 즉, 양자 컴퓨터는 0과 1을 동시에 처리할 수 있어요. 예를 들어, 1,000명의 연락처 목록에서 찾고자 하는 사람(홍길동)을 검색할 때, 1,000명 중에 홍길동과 일치하는지의 여부를 1,000번에 걸친 횟수로 처리해야 합니다. 하지만 양자 컴퓨터는 곧바로 홍길동을 찾을 수 있겠지요.

영화 '앤트맨'과 양자역학

마블 유니버스에서 제작한 영화에서 '앤트맨'은 작고 소중한 히어로입니다. 주인공 스캇랭은 외동딸의 아빠인데, 현실에서는 도둑이에요. 어느 날 몸을 자유자재로 줄이거나 늘릴 수 있는 핌 입자를 개발한 과학자 행크핌이 그에게 찾아와, 수트와 헬멧을 주며 '앤트맨'이 되어 줄 것을 제안하지요.

'앤트맨'은 개미만큼 작아지기도 하면서 양자역학을 기반으로 하는 시간과 공간을 뛰어넘는 수학적이고 물리적인 세계를 보여줍니다. **이 역시 수학의 복소수를 기반으로 만들어진 양자역학의 산물이랍니다.** 놀랍지 않나요?

이처럼 양자역학에는 수학에서 다루는 복소수, 행렬의 개념이 들어가 있습니다.

● 영화 '어벤져스: 엔드게임'과 양자역학

2019년에 개봉하여 어마어마한 수의 관객을 동원했던 영화가 있습니다. 바로 '어벤져스: 엔드게임'이에요. 영화에서 히어로들은 시간과 공간을 넘어 다니며 스톤을 찾기 위해 동분서주합니다. 참고로 이 영화의 러닝 타임은 180분 57초(대략 3시간)라, 영화 관람 전에 과도한 음료를 섭취하면 관람 중에 화장실을 가게 되는 애로사항이 발생하기도 합니다.

적으로 등장하는 타노스에게서 스톤을 빼앗은 토니 스타크는 "나는 아이언맨이다(I am Iron Man)."라고 말하며 핑거스냅(손가락 튕김)을 실행합니다. '핑거스냅'으로 타노스를 비롯한 적의 군대를 모두 재로 만들어 버린 토니 스타크는 감마선에 노출되며 죽음을 맞이하지요. 이 슬픈 장면에서 저도 약간 울컥했어요.

'어벤져스'는 양자역학을 이용해 과거로 돌아가 인피니티 스톤(여기서 말하는 '인피니티 스톤'은 전편에서는 '인피니티 젬'로 표현되었고, 스톤은 총 6개이며, 행성 1개를 날려 버릴 수 있는 에너지라고 함)을 모두 모았고, 헐크가 자신만이 이 힘을 감당할 수 있다고 말하며 핑거스냅을 합니다. 이로 인해 '어벤져스: 인피니티 워' 때 재로 사라진 우주 생명체의 절반이 다시 돌아오게 됩니다. 참으로 신기한 부분이 아닐 수 없어요.

두 영화에서 등장하는 양자역학은 입자의 파동함수를 복소수로 기술합니다. 이러한 양자역학은 재료역학 등에 쓰이고 있어요. 즉,

반도체에 복소수가 들어 있다는 것을 암시하는 것입니다.

양자역학은 원자를 기술하는 학문인데, 우리의 주변은 온통 원자들 투성이랍니다. 원자는 10의 -8제곱 정도의 크기입니다. 주변에 식빵 한 조각이 있을 때 그것을 둘로 나누고, 나눈 것을 다시 둘로 나누고, 또 나눈 것을 둘로 나누고 하여 25번 이상을 나누다 보면 원자 하나의 크기에 도달하게 됩니다.

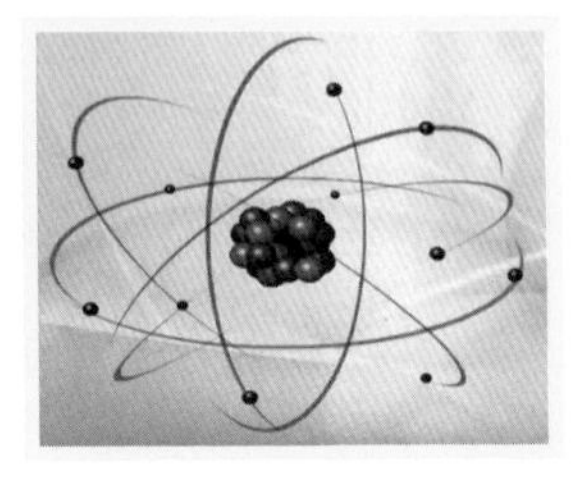

▲ 원자

앞으로 양자역학 기술이 더 발전하여 우리 일상생활에도 많은 도움이 되었으면 합니다.

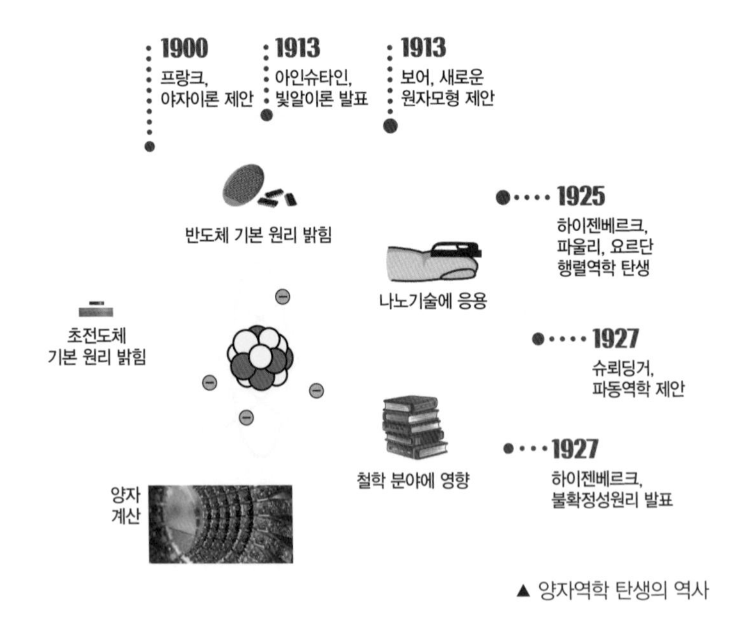

▲ 양자역학 탄생의 역사

3 생활 속에서 발견하는 문자와 식 (중1 문자와 식)

중학교 1학년 수학 시간에 문자와 식 단원을 지도할 때 문자를 사용하면, 수량이나 수량 사이의 관계를 간단히 나타낼 수 있습니다. 우리가 늘 보는 생활 공간에도 간단하고 편리한 기능을 하는 표식들이 즐비하답니다. 가령, 비상구 표지판, 화장실의 남녀 구분 표지판, 도로교통 표지판 등과 같은 기호는 간단하면서 편리한 속성을 지니고 있지요.

아이들과 문자와 식을 수업할 때 표지판을 예로 보여 주면, 기호를 사용하면 표현이 간단하고 편리해짐을 알게 할 수 있습니다. 아이들은 수학에서 문자나 수, 기호를 사용하면 표현이 간단하고 편리함을 직관적으로로 알게 되지요.

아이들에게 알려 주는 주된 내용은, '곱셈 기호를 생략한다. 수와 문자의 곱에서 수를 문자의 앞에 쓴다. 1 또는 -1과 문자의 곱에서는 1을 생략한다. 문자와 문자의 곱에서는 보통 알파벳 순서대로 쓴다. 같은 문자의 곱은 거듭제곱의 꼴로 나타낸다.' 등입니다.

대부분의 아이들이 이 정도는 어려워하지 않고, 쉽게 접근하고 이해해서 별 무리 없이 지나갈 수 있어요. 그렇지만 아이들에게 흥미로운 이야기를 곁들여서 가르쳐 주면 더욱 좋아한답니다.

● 나의 보폭, 몸무게로 수학 이해하기

아이들에게 걷기 운동을 할 때 보폭의 중요성을 알려 주곤 합니다. 평소 걸을 때보다 보폭은 넓게, 팔은 크게 흔들고, 허리는 살짝 틀어 주는 것이 좋다고 설명하지요. 여기서 보폭은 키*0.45 정도가 알맞다고 합니다. 아이들은 자신의 키가 150cm라면, 효과적인 보폭은 150*0.45=67.5cm라는 흥미로운 사실을 알게 됩니다. 여러분도 자신의 키에 0.45라는 숫자를 곱해 보고, 오늘부터 당장 걷기 운동을 실천해 보면 어떨까 합니다.

다음으로 아이들의 흥미를 끄는 것은 몸무게입니다. **지구, 화성, 달에서는 각각의 중력의 영향을 받아 몸무게가 달라진다는 이야기 보따리를 꺼냅니다.**

화성은 지구의 4분의 1 정도의 크기이고, 부피는 10분의 1정도이며, 중력은 약 0.38입니다. 몸무게가 100kg인 사람이 화성에 가면 바로 38kg으로 줄어듭니다. 그 이유는 지구보다 중력이 약해서 대기를 구성하는 물질을 강하게 잡지 못하기 때문이라고 하네요.

더불어 아이들에게 지구와 가까운 화성의 존재 가치에 대해서도 언급해 줍니다. 화성은 최저 온도가 영하 140도, 최고 온도가 영상 30도로 혹독한 환경이지만, 생명체를 구성하는 중요한 물질인 물의 존재를 파악하기 위해 떠난 탐사선이 화성에 존재하는 물을 발견하게 됩니다. 하지만 아뿔싸, 그 물은 염도와 산

도가 너무 높아 생명체가 존재할 수 없다고 하네요.

그 다음에 아이들에게 달에 갔을 때 본인의 몸무게를 측정해 보도록 유도합니다. 달은 지구 중력의 0.167 정도여서, 100kg인 사람이 달에 가면 16.7kg의 저체중으로 바뀌어 버린답니다. 화성보다 다이어트 효과가 큰 것도 알 수 있어요.

이처럼 문자와 식을 다루면서 '왜 문자와 식을 배워야 하는지'에 대한 아이들의 궁금증도 해결해 주게 됩니다. **아이들은 우리 일상생활 속에서 단순하고 복잡하지 않은 다양한 표식이나 표지판 등을 보고 '아, 이게 이런 모양과 그림인 이유가 있었군.' 하고 깨닫게 되는 것이지요.**

아이들을 지도하면서 저도 많은 것을 배우게 됩니다. 세상에는 무수히 많은 표지판이 있고, 전문가의 노력에 의해 탄생한 표지판은 다양한 문자, 식, 숫자, 기호, 색상으로 무장하여 오늘도 우리 곁에서 "저를 봐 주세요!"라고 아우성을 칩니다.

제9장

소소한 재미를 주는 수와 연산

1 깜짝 놀랄 수의 신비를 찾아서 (중2 유리수와 순환소수)

중학교 2학년 학생들에게 수와 식의 계산(유리수와 순환소수)을 지도할 때, 소수가 이용되는 다양한 스포츠의 기록도 함께 소개합니다. 타율, 승률, 성공률, 방어율 등은 스포츠에서 상당히 중요한 기록들이에요.

순환소수

소수를 배울 때 순환이 무한 반복되는 순환마디가 있는 순환소수는 신기한 수에 속해요. 순환소수는 0.222…, 0.242424…와 같이 소수점 아래의 어떤 자리에서부터 일정한 숫자의 배열이 한없이 되풀이되는 소수랍니다. 무한소수이면서 순환소수라고 합니다.

이와 관련하여 학생들에게 일상생활 속에서 무한 반복되는 것을 고민해 보게 합니다. **노래를 부를 때나 응원을 할 때 무한 반복하는 부분들이 있어요. 이것을 순환소수와 연결시키면 학생들이 무척 신기하게 생각합니다.**

다음은 아티스트SIENE의 'I Want You Back/무한반복'이라는 노래인데, 노래 가사가 두 문장씩 반복되고 있어요. 반복을 통해 듣는 사람들이 따라 하기 쉽게 라임을 형성하고 있습니다.

I always think about you girl
I always dream about you girl
I always think about you girl
I always dream about you girl
I always think about you girl
I always dream about you girl
I always think about you girl
I always dream about you girl

'부부젤라'라는 악기를 알고 있나요? 축구 경기에 종종 등장하는 응원 도구입니다. '부부젤라를 위한 소나타'라는 부부젤라 연주곡도 있어요. '뿌-뿌-뿌-뿌'가 끊임없이 반복되는 4박자의 규칙을 지녔는데, 이 곡이 상상 외로 인기가 많답니다.

부부젤라는 남아프리카공화국에서 주로 축구 경기에 사용하는 나팔 모양의 악기입니다. 길이는 60~120cm이며, 약 120dB의 소리를 발생시킨다고 합니다. 이 소리의 크기는 항공기나 나이트클럽의 소음과 유사하고, 사격장 소음(115), 기차소리(110), 잔디 깎는 기계(90)보다 시끄러운 수준이랍니다.

운동 경기에서 상대편보다 큰 응원 소리는 선수들에게 큰 힘이 되니까 부부젤라는 응원 도구로도 손색이 없겠지요? 하지만 근처에서 관람하는 사람은 고막이 터질지도 모르겠어요.

Breaking balls Sonata - for Vuvuzela

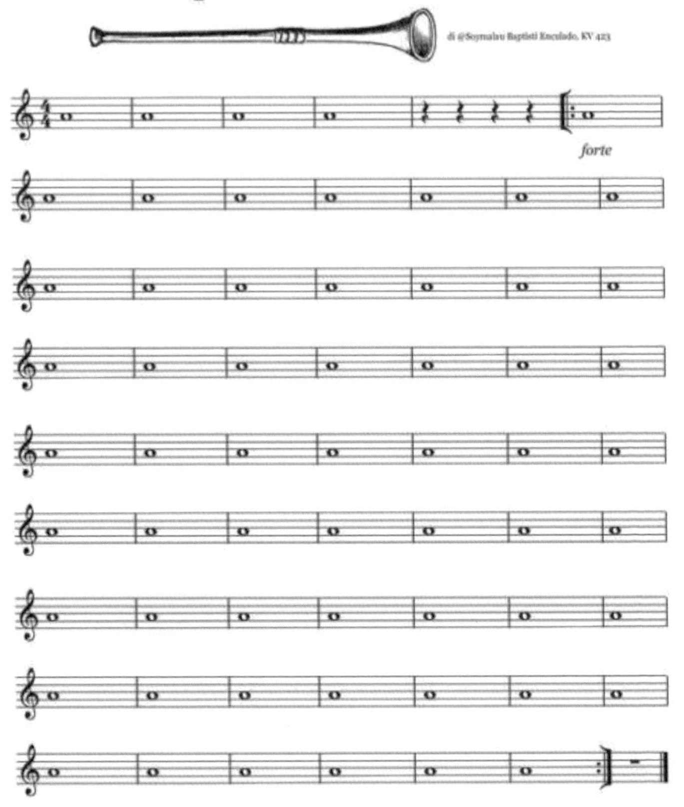

● 흥미로운 숫자가 많다

몇 년 전에 우리나라에서 실시간 검색어 1위를 차지한 숫자가 있어요. 프랑스 작가 베르나르 베르베르(1961~)의 〈신〉이라는 책에 소개된 숫자 142857입니다. 이 수의 비밀은 2부터 6까지 숫자를 곱하면 숫자가 순환한다는 것입니다.

142857×2 = 285714

142857×3 = 428571

142857×4 = 571428

142857×5 = 714285

142857×6 = 857142

이처럼 어떤 수를 곱해도 '142857' 안의 숫자로만 구성이 되는 것이지요. 그리고 142857에 7을 곱하면, 999999라는 숫자가 됩니다.

142857×8 = 1142856(142857이라는 숫자 중 7이 1과 6으로)

142857×9 = 1285713(142857이라는 숫자 중 4가 1과 3으로)

또 하나 재미있는 사실은, 142857을 세 자리씩 나눠서 더하면 142+857=999라는 답이 된다는 것이에요. 두 자리씩 나눠 더해도 14+28+57=99라는 답이 나오는 그야말로 신기한 법칙입니다.

소수로 변환해도 흥미로운 결과가 나옵니다.

1/7 = 0.142857142857

2/7 = 0.285714285714

3/7 = 0.428571428571

1/7을 소수로 변환하면 142857이 반복됩니다. 2/7를 소수로 변환하면 소수점 아래 2857 이후에 142857이 반복되고, 3/7을 소수로 변환하면 소수점 아래 42857 이후에 142857이 반복되지요.

이렇게 독특한 숫자들은 아마 또 있을 거예요. 수학에서 1개라도 성립하면 모두가 성립한다는 가설하에, 또 다른 숫자의 등장을 기대해 봅니다.

6539477124183

이렇게 일정한 패턴의 숫자가 반복되는 수가 하나 더 있습니다. 6539477124183인데, 이 숫자에 17을 곱한 수에 1부터 9까지 차례로 곱하면, 아래와 같은 재미있는 결과가 나옵니다.

6539477124183×17×1 = 1111111111111111

6539477124183×17×2 = 2222222222222222

6539477124183×17×3 = 3333333333333333

6539477124183×17×4 = 4444444444444444

6539477124183×17×5 = 5555555555555555

6539477124183×17×6 = 6666666666666666

6539477124183×17×7 = 7777777777777777

6539477124183×17×8 = 8888888888888888

6539477124183×17×9 = 9999999999999999

우리 일상생활은 반복의 연속입니다. **학생들이 일정한 패턴이나 반복되는 것에 대해 지루해하지 않고, 흥미를 느끼고, 그것에서 앎과 삶을 터득하는 기회가 되었으면 해요.**

2 매미(중1 소수)

아이들에게 수학을 가르치다 보면, 신기한 사례들이 많아요. 우리가 잘 아는 매미라는 곤충은 수년 동안 애벌레로 지내다가 땅 위로 올라와 허물을 벗고 성충이 됩니다. 그리고 7일에서 20일 남짓한 기간을 살다가 알을 낳고 생을 마감하지요.

우리나라에서 흔히 볼 수 있는 매미는 참매미와 유지매미입니다. 이들이 출현하는 주기는 5년이에요. 그런데 북아메리카에는 출현 주기가 자그마치 13년, 17년인 매미도 있다고 합니다. 여기서 아이들에게 흥미를 줄 수 있는 점은, **매미의 출현 주기가 우리나라는 5년, 북아메리카는 13년이나 17년이라는 것입니다. 숫자 5, 13, 17은 모두 소수입니다.**

매미들의 출현 주기가 소수가 된 이유는 무엇일까요? 곤충학

자들의 주장 중 하나는, 천적으로부터 생명을 지키기 위해서라는 것입니다. 예를 들어, 매미의 출현 주기가 5년이라면 출현 주기가 2년인 천적과는 10년마다 만나게 되고, 출현 주기가 3년인 천적과는 15년마다 만나게 되는 것이지요. 그러므로 매미의 출현 주기가 합성수가 아닌 소수일 경우, 그만큼 천적으로부터 살아남을 가능성이 높다고 합니다.

이처럼 곤충인 매미도 나름대로의 생존을 위한 지혜를 가지고 있습니다. 사람도 생존을 위한 지혜가 필요한 시기입니다.

소수(Prime Number)

- 소수는 특별한 수입니다. 소수는 자기 자신과 1을 제외하고는 인수가 없는 (어떤 수로도 나눠지지 않는) 수입니다.
- 20이하의 소수: 2, 3, 5, 7, 11, 13, 17, 19
- 수학자 유클리드는 기원전 300년경에 소수가 끊이지 않고 계속해서 나타난다는 것을 최초로 증명했습니다.
- 아직까지도 소수를 찾는 공식은 알려지지 않았습니다.
- 소수는 수학의 한 분야인 정수론의 주요 연구 대상입니다.

3 북극땅다람쥐(중1 정수와 유리수)

중1 정수와 유리수 단원을 공부하는 시간에 아이들에게 양수, 음수를 쉽게 설명하기 위해 놀라움까지 느낄 수 있는 소재를 만들었습니다. 바로 북극땅다람쥐예요. 북극땅다람쥐는 설치류의 일종이며, 알래스카인들이 다람쥐의 가죽으로 옷이나 파카, 목도리 털을 만들기 때문에 일명 파카다람쥐라고도 한답니다.

사람의 정상 체온은 36.5도인데, 1도나 1.5도만이라도 하락하게 되면, 저체온증으로 위험에 빠질 수 있습니다. 반면, 북극땅다람쥐는 특이한 능력을 지니고 있어요. 북극땅다람쥐는 주로 시베리아 툰드라 지역에 서식하는데, 7개월간 겨울잠을 잡니다. 툰드라 지역은 9월이면 최저 영하 50도까지 떨어지는데, 이 혹한을 피해 다람쥐는 땅을 파고 겨울잠을 자는 것입니다. 그런데 북극

땅다람쥐가 겨울잠을 자는 동안 체온이 최저 영하 3도까지 떨어져도 혈액이 얼지 않는다고 해요. **흥미로운 사실은, 영하로 체온이 떨어졌다가도 2주나 3주에 한 번씩은 다람쥐의 정상 체온인 영상 36.5도까지 끌어올려, 뇌가 손상되지 않도록 신체 시계가 작동한다는 것입니다.**

북극땅다람쥐의 동면 방식을 연구 중인 알래스카 페어뱅크스대 브리언 반스 박사팀에 따르면, 처음에는 개구리처럼 혈액이 얼지 않는 부동액 같은 성분이 포함되어 있을 것이라고 예상했다고 합니다. 하지만 동면 중인 다람쥐의 혈액을 채취해서 얼려 보니, 0.6도에서 얼어 버렸다고 해요. 그래서 브리언 반스 박사팀은 현재 어떠한 방식으로 체온을 아주 천천히 내림으로써 어는 점 이하에서도 얼지 않는 '과냉각' 상태를 만들어 낸다고 추측한다고 합니다. 이 비밀을 풀어낸다면 진짜 냉동 인간이 나올 수 있을 것 같은데, 지금 어떻게 진행되고 있을지 매우 궁금합니다.

양(+)의 부호, 음(-)의 부호를 설명하면서 자연현상 속에 담긴 이야기를 꺼내면, 학생들은 참으로 즐거워한답니다. 그러면서 저는 아이들에게 자신의 체온을 유지하기 위해 노력해야 된다는 점도 강조하고 있어요. 아이들은 대부분 체육 수업을 하고 교실에 들어오면, 겨울이여도 반팔 옷을 입고 체온이 떨어지는 것을 느끼지 못해 감기에 잘 걸리잖아요. 아이들의 현실에 맞게 이야기를 해 줄 수 있으니 수업 소재로 안성맞춤입니다.

아이들이 제가 소개한 북극땅다람쥐의 신기한 체온 유지 방법과 체온 유지를 위한 본인만의 비법을 터득해서, 추운 날씨에도 감기에 걸리지 않았으면 하는 바람을 가져 봅니다.

사람은 참으로 나약한 존재이지요. 사람도 북극땅다람쥐처럼 자유롭게 체온을 몇 주마다 반복적으로 조절하는 기능이 있었으면 좋겠다는 생각을 해 봅니다.

겨울잠 자는 동물

- 개구리, 뱀: 체온이 내려감에 따라 심장의 박동, 호흡 횟수도 감소합니다.
- 박쥐: 기온이 내려가면 체온도 내려가며, 어느 한도를 넘지는 않습니다.
- 곰: 체온이 항상 일정한 항온동물로, 체온이 별로 변하지 않은 상태에서 잠을 자며, 자극이 있으면 바로 활동합니다.

4 분수와 소수 중에 누가 먼저 태어났을까요? (초등, 중2 유리수와 순환소수)

● 분수가 먼저, 소수는 분수 뒤에 탄생

역사적으로 살펴보면, 소수보다 분수가 먼저 등장했다고 합니다. 분수는 다들 알다시피 토지를 나누거나, 경작한 곡식 등을 나누고자 할 때 필요했습니다. 예를 들어, 사과 1개를 3명에게 나눠줄 때 3등분을 해야 하므로, 자연스럽게 1 나누기 3은 1/3로 표현하는 것입니다.

분수는, 기원전으로 거슬러 올라가서, 기원전 1800년 무렵에 이집트인들이 처음 사용했다고 합니다. 이집트 아유세로 왕 때의 서기 아메스가 쓴 린드 파피루스에 이미 분수를 사용한 여러 문제가 다루어져 있어서 분수의 흔적을 찾아볼 수 있다고 하네요.

그럼 소수는 언제쯤 등장했을까요? 놀라지 마세요. 무려 분수가 발견된 시점으로부터 3000년이 지난 1584년에 네덜란드의 수학자 시몬 스테빈(1548~1620)이 처음으로 소수 기호를 사용하였답니다.

▲ 시몬 스테빈

분수 이후 소수가 탄생하는 데 왜 3000년이나 걸렸을까요?

그 이유는 물건을 나누는 일(분수)이 길이 등을 재는 일(소수)보다 더욱 중요하게 생각되었기 때문이라고 추측하고 있답니다.

옛날에는 전쟁이 참으로 많았다고 해요. 그래서 전쟁에서 식량이나 병사들의 임금을 지불할 때 복잡한 계산 과정으로 총무나 회계를 담당하는 사람은 어려움을 많이 겪었어요. 전쟁에서 회계를 담당한 시몬 스테빈은 골칫거리인 계산 과정에 대해 고민을 거듭하며, 식량이나 병사들의 임금을 분수를 사용해서 줄 수 없다는 것을 알게 됩니다.

임금이 지연되었다가 지급되는 경우, 임금에 이자를 붙여서 줘야 하지요. 이자가 1/10, 1/50 등으로 되면 분수를 사용하여 쉽게 계산할 수 있지만, 이자가 1/11, 1/12, 1/13 등과 같이 복잡해지니 소수를 생각하게 된 것이랍니다.

▲ 네이피어

스테빈이 발견한 소수점은 초창기에 소수점 대신 영인 제로(0)를 사용했다가, 1617년 영국의 수학자인 네이피어가 오늘날에 사용하는 표기법을 만들었습니다. 네이피어는 영국 귀족 출신으로 엄격한

청교도 교육을 받고, 13살에 대학에 들어가 프랑스에서 공부한 신학자이자 수학자입니다. 점성술에 뛰어나 마법사라는 별명이 붙여졌다고도 해요.

스테빈과 네이피어 같은 수학자 덕분에 우리들은 쉽게 소수를 사용하고 표현하고 있는 것이지요.

● 생활에서 분수와 소수의 사용은?

우리는 몸무게 50.5kg을 50과 1/2kg이라고 하지 않아요. 반면, 피자 한 판을 8등분할 때 1/8씩 나눠 먹는다고 하지, 0.125로 생각하지 않습니다. 모임에서 회비를 분담할 때도 분수를 사용합니다. 한국 코스피의 종합 주가 지수는 2,191.10 등의 소수로 표현하지, 분수로 표현하지 않아요. 또 시시각각 변하는 금 시세도 175,945.24원이라고 소수로 표현됩니다.

해외여행을 많이 가는 요즘, 환전이 또 하나의 걱정거리로 다가오곤 합니다. 출국하기 전 급변하는 시세 차트를 보고 우상향곡선이면 미리 환전하고, 우하향곡선이면 나중에 환전을 해야 환차익 손해를 덜 보게 되지요. 환율도 1달러당 1148.80원, 이렇게 소수로 표현합니다.

이처럼 **분수와 소수는 우리 일상생활에서 다양하게 사용되고 있으며, 필요에 의해 적절히 선택되어 활용되고 있어요.**

학생들에게는 은행 이자에 대한 이야기 또한 흥미로운 소재입니다. 은행 이자는 연이율에 따라 단리나 월복리로 적용되지요. 가령, 3.5%는 0.035로, 100만원을 12개월 동안 예치하는 단리 적용 예금의 경우, 만기 지급액은 비과세인 경우 103만 5,000원이 되고, 세금 우대나 일반 만기 지급액의 경우는 좀 더 적게 수령하게 됩니다.

이렇게 학생들에게 분수와 소수의 중요성을 알려 주면서 소수점 이하의 숫자가 얼마나 중요한지에 대한 경각심을 심어 주기도 합니다. 무엇보다 **학생들에게 분수와 소수가 일상생활에서 사용되는 상황에 대해 조사하고 발표하는 활동을 하게 하면, 학생들은 스스로 분수와 소수의 소중함을 알게 됩니다.**

날짜를 사용할 때 2019년 4월 16일을 2019.4.16으로 표현합니다. "벌써 한 주의 반(1/2)이 지났다."라는 말도 흔하게 하지요. 우리 생활 깊숙이 스며든 분수와 소수들이 표현되는 세상에 빠져 봅시다.

5 악기의 진동이 소리로
[중3 실수와 그 연산(제곱근과 실수)]

● 악기와 제곱근

제곱근이라는 용어를 들어 보았나요? 제곱하여 4가 되는 수에는 2와 -2가 있습니다. 이와 같이 **어떤 수 x를 제곱하여 a가 될 때, x^2=a일 때, x를 a의 제곱근이라고 합니다. 이 제곱근은 음악과도 관련이 깊어요.**

우리에게 아름다운 음악을 선사하는 악기들은 구조와 연주하는 방법에 따라 현악기, 관악기, 건반 악기 등으로 나뉘게 됩니다. 즐거움을 주는 악기 소리의 원리를 알면 더욱 실감나게 연주를 감상할 수 있지요.

주변에 있는 종이컵, 야쿠르트 병 등 각종 병의 입구를 불어 소리를 내 본 적이 있나요? 당연히 있을 거예요. 바람을 불면 공기가 병 안으로 들어가게 되고, 증가한 압력 공기가 병 바닥 끝에 부딪혀 반사되어 다시 병 입구 쪽으로 되돌아옵니다. 이 과정에서 병의 길이에 따라 진동수가 달라져 소리를 만들어 냅니다. 병 안의 공기가 진동에너지로 변환되는 것이에요. 이것이 바로 관악기의 원리이기도 합니다.

관악기의 음높이는 단위 시간(1초) 동안 반복되는 횟수인 주파수에 의해 결정됩니다. 파장이 길면 주파수가 작아 낮은 음이 나오고, 파장이 짧으면 주파수가 커져 높은 음이 나오게 되는 것이지요. 관 속의 공기를 진동시켜 소리를 만들어 내는 관악기는 관이 길면 파장이 길고, 관이 짧으면 파장도 짧아집니다. 요약하면, 긴 관은 낮은 음, 짧은 관은 높은 음을 내게 되어 반비례 관계를 형성하는 것입니다.

피아노와 오르간 등은 건반 악기로, 건반을 두드려서 소리를 내는 악기입니다. 피아노는 건반을 누르면 현을 때리게 되는데, 피아노에 매어진 줄을 건반에 연결된 일명 망치로 쳐서 소리를 내는 것이에요. 연주자가 건반을 누르고 있는 상황에서는 줄이 울리게 되고, 건반에서 손을 떼면 줄이 울리는 것이 차단되며 진동을 막는 장치가 내려와 소리를 멈추게 됩니다.

피아노와 수학과의 관련성에 대해 살펴보면, 의미 있는 부분이 있어요. **피아노 건반이 내는 음이 반음씩 올라가면, 음이 올라감에 따라 음의 주파수도 같은 비율로 높아진다는 것입니다.**

옥타브 음계와 표준 주파수

(단위: Hz)

옥타브 음계	1	2	3	4	5	6	7	8
C(도)	32.7032	65.4064	130.8128	261.6256	523.2511	1046.502	2093.005	4186.009
C#	34.6478	69.2957	138.5913	277.1826	554.3653	1108.731	2217.461	4434.922
D(레)	36.7081	73.4162	146.8324	293.6648	587.3295	1174.659	2349.318	4698.636
D#	38.8909	77.7817	155.5635	311.1270	622.2540	1244.508	2489.016	4978.032
E(미)	41.2034	82.4069	164.8138	329.6276	659.2551	1318.510	2637.020	5274.041
F(파)	43.6535	87.3071	174.6141	349.2282	698.4565	1396.913	2793.826	5587.652
F#	46.2493	92.4986	184.9972	369.9944	739.9888	1479.978	2959.955	5919.911
G(솔)	48.9994	97.9989	195.9977	391.9954	783.9909	1567.982	3135.963	6271.927
G#	51.9130	103.8262	207.6523	415.3047	830.6094	1661.219	3322.438	6644.875
A(라)	55.0000	110.0000	220.0000	440.0000	880.0000	1760.000	3520.000	7040.000
A#	58.2705	116.5409	233.0819	466.1638	932.3275	1864.655	3279.310	7458.620
B(시)	61.7354	123.4708	246.9417	493.8833	987.7666	1975.533	3951.066	7902.133

출처: 천안공대학 윤덕용(http://control.cntc.ac.kr/cpu/

옥타브는 주파수가 두 배 차이 나는 두 음 사이의 음정입니다. 주파수의 크기가 2배인 2개의 소리는 잘 어울리는 소리가 되는데, 이것을 한 옥타브라고 해요. 예를 들어 220Hz와 440Hz의 소리를 동시에 들으면, 구분이 잘 되지 않고 잘 어울리는 소리로 들립니다. 그런데 440Hz와 418Hz의 유사한 주파수의 소리를 들으면, 전화벨 소리처럼 잘 어울리지 않는 소리가 됩니다. 참으로 신기한 현상이에요.

사람의 귀는 옥타브 차이가 나는 두 음을 서로 '같은 음'으로 인식하며, 서양 음악에서는 옥타브를 12반음으로 나눈답니다.

● 자연을 이용한 소리 만들기 - 버들피리

'버들피리'라는 말을 들어 보았나요? 버들피리는 말 그대로 봄에 아이들 손가락 굵기의 나뭇가지(주로 버들가지, 산오리나무, 미루나무, 개나리)를 15cm 크기로 잘라 잎을 떼어 내고, 가지를 비틀어 속심을 분리하여 만든 피리입니다. 껍질이 터지지 않게 잡아서 속심을 빼 내고, 부는 쪽(직경이 작은 곳)의 겉껍질을 1.5cm 정도 벗겨 낸 후에, 벗겨 낸 곳을 눌러 잡고 가볍게 불면 됩니다. 구멍을 뚫어 피리처럼 음색을 조절할 수도 있습니다.

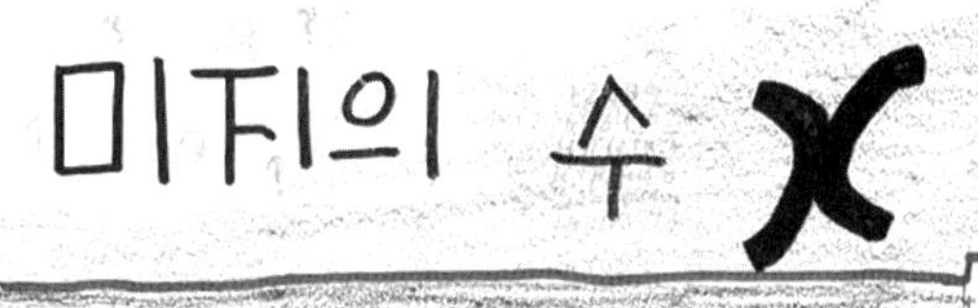

x는 1도 2도 3도… 무수히 많은 수를
품고 있다.

바다처럼 넓은 마음으로
부모님처럼 넓은 마음으로
많은 친구들을 품고있다.
x는 친구들을 안 보일수 있게
감싸주고 있다.

나도 x처럼 친구들의
약점을 가려줘야 겠다.

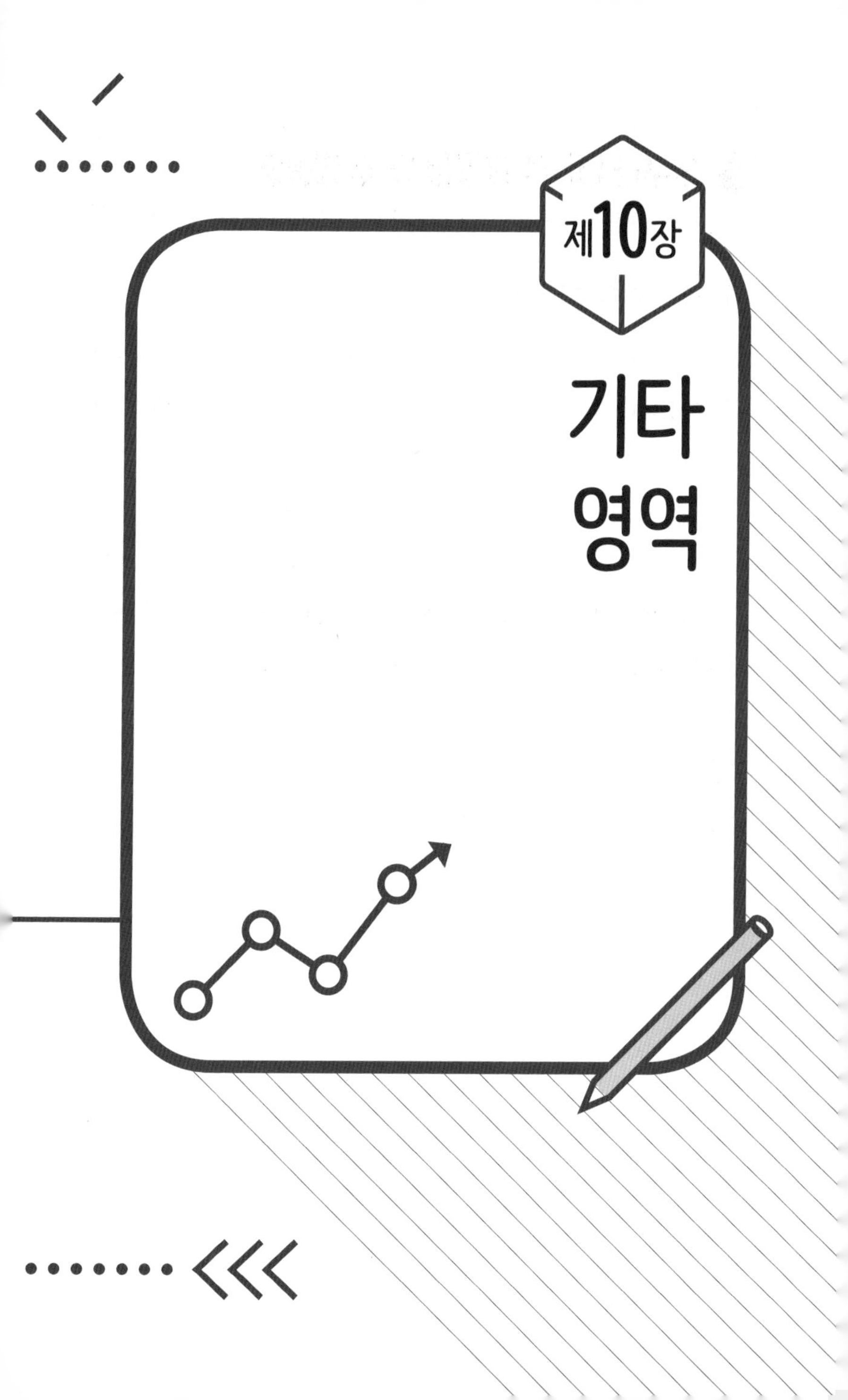

제10장 기타 영역

1 누구나 신문사 사장이 될 수 있어요

수학 신문 만들기

아이들과 수학을 공부한 후에는, 배운 내용을 확인하는 과정을 거칩니다. 대개 수행평가나 과제 발표 등을 활용하는데, 가장 적합한 것은 신문을 활용하는 것이에요.

신문은 다양한 뉴스나 소식 등을 전하는 글, 기사, 칼럼, 사진, 그림 등을 일정한 틀에 넣어서 예쁘게 편집하는 것입니다. **수업 시간에 배운 수학을 가지고 아이들과 신문 만들기를 하는 것은 배운 내용에 대해 깊숙이 이해하는 계기가 된답니다.**

책에 나오는 수학 교과 내용, 관련된 수학자, 수학을 배운 학생들에 대한 인터뷰, 지도하는 교사에 대한 인터뷰 등을 이용하여 다양한 형식으로 수학 신문을 꾸미는 활동을 즐길 수 있습니다. 신문을 만들 때는 혼자하거나 모둠끼리 진행을 합니다. 신문을 제작할 수 있는 도구인 도화지, 칼, 풀, 색지, 색연필 등이 갖춰진 학교 미술실이나 가정에서도 가능합니다.

만화나 미술에 소질이 있는 학생들은 여러 개의 만화 컷이 들어가게 구성하기도 하고, 내용을 설명해 주는 각종 캐릭터를 그려 넣어서 다채롭게 꾸미기도 하지요. 또 일부 학생들은 인터넷에서 자료를 찾아서 그리고 오리고 붙이기도 하면서 알차게 꾸밉니다.

학생들은 이렇게 말합니다.

"선생님, 수학에 대한 편견을 깰 수 있어서 좋았어요."

학부모나 교사들에게 물어보면, 다음과 같이 이야기합니다.

"수학 신문 만들기는 일종의 스팀교육인 것 같아요. 창의력이 쑥쑥입니다."

"아이들의 표현력이 훌륭해요."

"수학 내용을 신문이라는 방법으로 제대로 배우네요."

수학 신문 만들기 활동은 수학을 어려워하거나 힘들어하는 학생들이 수학 내용을 유심히 살펴보는 기회가 되며, 그로 인해 수학과 좀 더 친숙해지는 계기가 될 것입니다.

수학 신문 만들기

1. 담고자 하는 내용 확인하기
2. 내용 배치하기
3. 부연 설명하는 캐릭터나 그림 삽입하기
4. 수식이나 기호, 문자 등으로 표현하기
5. 신문 발행일, 발행인 등 쓰기

2 인간은 아이큐 100, 물고기는 아이큐 3

학생들과 격주로 진행하는 동아리 활동으로 학교 근처에 있는 낚시터에 다녀온 적이 있습니다. 학교에서 다양한 동아리 활동을 하지만, 지역 체험 학습처로 찾아낸 낚시터에서 동아리 활동으로 낚시를 한다는 것은 참으로 즐거운 일입니다. 저 역시, 동네에서 대나무에 낚싯줄을 동여매어 민물고기를 낚아 본 경험은 있지만, 학생들을 인솔하여 낚시를 하는 것은 처음입니다.

바다 낚시, 민물 낚시, 낚시터 낚시 등 다양한 낚시가 존재하는데, 공통적으로 강태공들을 힘들게 하는 요인은 꼭 특정 포인트에서만 물고기가 자주 올라온다는 사실입니다. 제가 인솔한 학생들 중에서 1등을 차지한 중2 학생은 2시간 동안 무려 4마리의 우럭과 도미를 낚아 올렸습니다. 2등을 차지한 고3 학생은 3마리를 낚았고, 나머지 대부분의 학생들은 2시간 동안 낚싯대를 들고 기다렸지만 허탕을 쳤답니다.

인간의 아이큐는 100 내외이며, 물고기의 아이큐는 3 내외라고 합니다. 무려 97이나 차이가 나지만, 하찮아 보이는 물고기를 낚아 올리는 것이 쉽지는 않습니다. 낚시를 하려면 낚싯대, 찌, 바늘, 줄, 미끼 등이 필요한데, 찌의 형태에 따른 사용법, 바늘의 관계, 줄이 찌에 미치는 영향, 낚싯대의 탄력과 장력, 낚싯대의 형태와 재질의 관계, 날씨와의 상관 관계, 바람과 입질의 상관 관계,

미끼의 종류와 물고기의 먹이 취향, 좌대의 위치 등 수많은 상황의 변수가 낚시에 영향을 미칩니다.

낚시와 수학, 과학 사이에는 어떤 연결고리가 있을까요? 일단, **갯지렁이나 새우 살을 미끼로 바늘에 꿰어 낚싯줄을 던질 때 낚싯줄은 포물선 운동을 하면서 물속으로 들어가며, 물속에서 둥둥 뜨는 찌가 바늘과 찌의 수직 관계를 만들어 줍니다.** 물속의 바늘은 시계추처럼 살랑살랑 춤을 추면서 고기를 유혹하지요. 물고기를 유혹하기 위해, 갯지렁이의 경우 머리 쪽에 바늘을 꿰어 물속에 들어가도 마치 춤을 추면서 살아있는 듯한 느낌을 줘야 물고기가 부지런히 입질을 한다고 합니다. 아이큐 100인 인간과 아이큐 3인 물고기의 기 싸움이 시작되는 순간이에요.

그런데 아이러니하게도 물고기를 많이 잡는 강태공은 같은 자리에서 여러 번 손맛을 보는데, 바로 옆에 위치한 곳에서는 꾸준히 노력해도 1마리도 낚지 못합니다. 강태공 옆에 밀착해서 노력을 해도 잡지 못하는 상황이 연출되곤 하지요. 그렇다면 1마리도 잡지 못한 사람은 낚시 실력이 없는 것일까요?

학생들을 인솔하면서 지켜본 결과, 물고기가 좋아하는 포인트가 존재합니다. 특히 실내나 실외 낚시터의 경우는 테두리 부분에 근접한 곳을 포인트로 하면 좋을 듯해요. 여러 마리를 잡은 학생들의 경우 다른 포인트로 옮기지 않고 똑같은 자리에서 낚아 올렸다는 사실도 중요합니다. 물론 여기에는 학생의 다양한 판단력도 영향을 미쳤다고 생각합니다. 위에서 열거한 다양한 변수와의 상관 관계, 본인의 판단 능력과 실험 정신 등으로 물고기와의 한판 승부에서 이긴 것이지요.

학생들이 학교에서 배운 수학과 과학을 맹목적으로 수용하는 자세만 갖고 있다면, 낚시를 하는 것처럼 큰 수확을 거둘 수 없다고 생각합니다. **비판적인 사고력과 다양한 상황에 대처하는 능력, 새로운 것을 시도하는 실험 정신 등이 밑바탕에 다져진 학생이 일상생활에 수학과 과학을 잘 적용할 수 있을 것입니다.**

제가 보기에 낚시를 잘하는 학생들의 특징은, 학교에서 배운 공식을 암기해서 계산력이 탁월한 것이 아니라, 다양한 변수들이 존재하는 상황 속에서 판단 능력이 뛰어나고 실험 정신이 투철한 것이라고 생각합니다.

아이큐 100인 사람이 아이큐 3인 물고기를 이기는 것도 쉽지 않은 세상입니다.

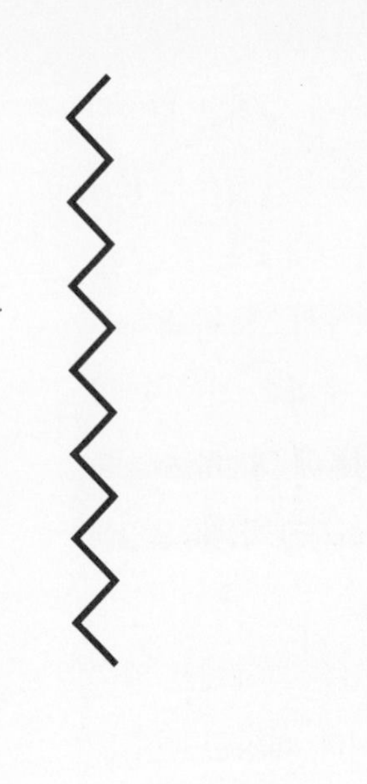

제11장
학교는

1 단 1명의 수포자도 관리하자

"저는 한때 수포자(수학 포기자)였음을 고백합니다. 제 친구(정구민 국민대 교수/페친)와 충주에서 초등학교를 같이 다녔기 때문에 정교수가 증명해 줄 수 있는 사실입니다. 수포자로 초등학교(국민학교) 6년을 가방만 메고 출첵을 했고, 중학교도 수포자로 3년을 다녔답니다. 거의 까막눈 수준이었음을 고백합니다."

이런 제가 당당히 우리나라에서 수학을 가르치는 중등 수학교사로 성장했다는 사실을 믿을 수 있을까요? 거의 불가능에 가까운 일이 벌어진 것입니다.

제가 변화할 수 있었던 계기는 가까운 곳에 있었답니다. **고1 때 수학을 지도해 주셨던 은사님께서 수포자인 저를 포함한 학생들이**

▲ 우성쌤의 중학교 수포자 시절 성적표

알기 쉽게, 연관성을 지닌 수학을 가르쳐 주신 것이었어요. 그때부터 자극을 받아 제 스스로 자기 주도 학습을 하면서, 모르는 것은 질문하고, 궁금하면 친구들에게도 물어보는 공부 과정을 거치면서, 수포자에서 수학의 기초를 아는 사람(수기자)으로 성장하게 되었습니다.

고1 때부터 수학이라는 학문을 다시 바라보면서, '아, 오늘 배운 내용에서 중요한 지점은 어디이고, 이것을 통해 무엇을 생각하고 응용할 수 있을까?'라는 단순한 진리에서 수학 공부를 출발했어요. 그리고 **꾸준히 자기 주도 학습과 병행하여 수업 시간이나 쉬는 시간, 야간 자율 학습 시간에 친구들이나 선생님을 찾아가서 질문을 하였습니다.** 그러면서 저는 수포자에서 탈출하였고, "이제 수학도 정복할 수 있어!"라는 강한 자신감을 갖게 되었답니다. 그렇게 몇 개월이 지나, 저는 초등 6년 과정의 수학, 중등 3년 과정의

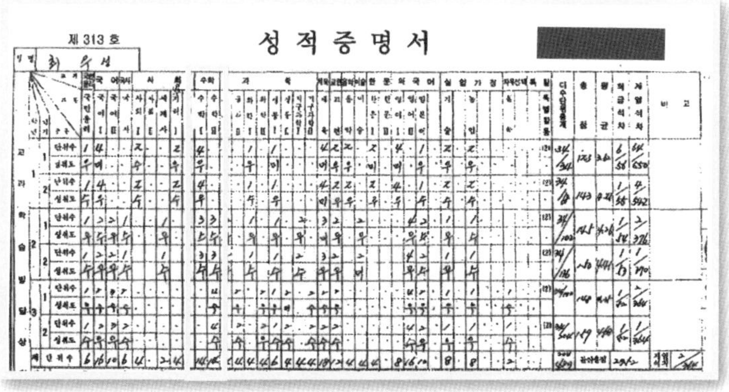

제 313 호

성 적 증 명 서

▲ 우성쌤의 고등학교 수성자 시절 성적표

수학의 내용 흐름을 연계하고 연결하는 과정을 통해 수학을 제대로 이해하게 되었어요.

대망의 모의고사가 처음으로 실시되는 날, 저는 자신있게 모의고사 시험에 응했어요. 그리고 수학 문제 30문항 중 무려 29문항을 맞추게 되었답니다. 대단한 오버슈팅인 결과였지요. 인생은 참으로 묘한 스릴이 있는 것 같아요. 초등부터 중등까지 무려 9년간의 수포자 생활을 한 제가, 고등 3년 과정을 통해서 수학 성공자(수성자)로 우뚝 서게 되었습니다. 놀라운 일이 벌어진 것이에요.

이를 계기로 저는 수학 선생님이 되겠다는 일념으로 당당히 사범대 수학교육과에 입학을 했고, 4년간 특대(전액장학금)를 받고 졸업을 했습니다. (굳이 대학명은 밝히지 않겠습니다.) 그리고 군 전역과 동시에 수학 교재를 개발하는 출판업계에서 1997년부터 2000년까지 근무하면서, 학생들이 푸는 수학 문제에 대한 고민을 하게 되었습니다.

일을 하면서 '왜 이렇게 기계적인 문제를 풀어야 할까?', '내가 학생들을 직접 가르쳐 보면 어떨까?'라는 호기심과 자신감이 발동하였지요. 그래서 2001년에 교직 시험을 치르고 학교에 들어오게 되었습니다.

저는 학교에 들어온 2001년부터 **'학생들을 어떻게 하면 잘 지도할까?'라는 고민에 고민을 거듭하고 있습니다.**

'왜 수포자가 생길까?'

'어디서부터 잘못된 것일까?'

이 문제에는 상당히 많은 원인이 있습니다. 무엇보다 누적된 학습 결손이 있으며, 수학이라는 교과의 특성 자체도 많이 영향을 끼칩니다. 국어 포기자보다 영어 포기자가 많고, 영어 포기자보다 수학 포기자가 많지요.

수포자 〉 영포자 〉 국포자

여러분, 체육 수업 포기 학생을 들어 보셨나요? 일명 '체포자'는 거의 없을 것입니다. 학생들이 스스로 질문하고 활동적으로 움직이는, 입과 귀와 말이 트이는 수업이어야 하는데, 그동안 수학 수업은 그러지 못했습니다.

그렇다면 질문이 있고, 생기가 있고, 학생이 주도하는 수업이 되려면 어떻게 해야 할까요? **바로 수학을 학생들이 살아가는 동안에 마주하게 되는 자연 현상, 사회 현상과 연계시켜야 합니다.**

죽어 있는, 시들어 있는 수학 수업은 수포자를 만들고, 학생들의 소중한 수업 시간을 낭비하는 일입니다. 중등 수업의 경우, 1주일에 4시간씩, 1년이면 무려 136시간(4단위*17시간*2학기=68*2=136시간)을 멍 때리거나 졸거나 집중하지 못하는 허송세월을 보낸다는 것입니다.

우리가 어딘가로의 여행을 계획하고 준비할 때면, 머릿속으로 여행에서의 다양한 상황에 대비하여 무엇을 준비하고, 예약하고, 챙겨야 할지를 떠올리지요. 우리 학생들의 수학 수업도 그런 수업이 되어야 합니다.

배운 수학이 머릿속에 맴돌며 생각나고, 그걸 통해 문제 해결 능력이 성장하고, 더 나아가 수학 내용이 인생과 연결될 때 학생들은 수학을 포기하지 않을 것이라고 생각합니다.

지금 집에 있다면, 수학 교과서를 펼쳐 보세요. 모든 지문이 똑같습니다. '다음 문제를 간단히 하시오. 다음 문제를 푸시오. 다음 문제의 풀이과정과 답을 구하시오. 구하시오…' 우리 생활과 관련된 문제는 많아야 소단원에 1문항 있을까 말까 한 수준이에요.

그 교과서를 지도하는 수학 선생님들은 많은 분량의 진도 부담을 안고 가다 보니, 학습 결손에 빠진 학생들을 돌볼 여유가 없는 것이지요. **이제 우리 수학 교육과정의 진도 부담을 덜어 줘야 합니다.** 너무나 많은 분량을 교과서에 담다 보니, 학생들이 여유를 가지고 창의력을 발휘하지 못하는 것입니다.

수많은 수포자들은 포기자가 아닙니다. 교육이 학생들을 포기하게 만든 것이지요. 더 이상 포기자가 발생하지 않도록 하는 대책이 절실히 요구되고 있는 실정입니다.

그 대책이 나오기 전까지는 수많은 수학 선생님들이 학생들에게 수학의 소중함을, 수학을 왜 배워야 하는지에 대한 답을 알려 줘야 합니다. 이것은 이 땅의 수학 선생님들의 책무이고, 책임이며, 사명이기 때문입니다.

2 우성쌤의 교실 바라보기_사제동행

교사가 되기 전부터 '사제동행'이라는 단어를 수천 번 넘게 들었었는데, 실천하기는 하늘의 별따기만큼 어려운 것이 현실입니다. 교사들도 가능하면, 수업이 빈 공강 시간에 동료 교사들과 함께 식사하길 원하는 세상이에요. 저 또한 피할 수 없는 부분입니다. 그렇다고 아이들과의 점심 데이트를 소홀히 할 수는 없어서, 점심시간 전에 수업이 있으면 가능한 한 아이들과 이야기를 나누면서 식사를 합니다.

'사제동행'은 말 그대로 스승과 제자가 같이 행한다는 것입니다. 저는 소소한 부분부터 실천을 하고 있는데, 그중 두 가지 사례를 소개할까 합니다.

첫째, **블록타임으로 2시간 연강일 경우, 수업과 수업 사이의 쉬는 시간 10분 동안 저만의 휴식을 위해 교무실로 가지 않고, 교실에 남아 있습니다.** 그래야만 아이들과 라포(좋은 관계)를 형성할 수 있다고 믿기 때문입니다. 주로 쉬는 시간 10분 동안, 아이들이 원하는 음악이 있으면 한 3곡 정도 들려줍니다. 아이들은 곧잘 가사를 리듬에 맞춰 따라 부르고, 일부 학생들은 동작까지도 맞춥니다. 참으로 신통방통한 일이에요. 음악이 아이들의 스트레스를 날려줄 듯합니다. 이렇게 음악을 들려주기도 하고, 아이들과 맛난 주전부리를 나눠 먹기도 해요. 수업 시간에 몰랐던 부분을 다시 가르쳐 달라고 하는 아이들에게는 칠판에 판서하면서 알려 주기도 합니다. 하루 수업 중 블록타임이 평균 1번 정도 있기 때문에 하루에 10분씩, 일주일에 총 50분을 아이들을 위한 시간으로 내어 주고 있답니다. 여러 페친 선생님들도 동참하시면 좋을 듯합니다.

둘째, 선생님들은 대부분 담당 구역 청소 지도를 하십니다. 저 또한 마찬가지로, 이번에는 교무실과 학생 자치회실을 담당하여 청소 지도를 하고 있습니다. 그런데 업무가 바쁘다 보니 임장 지도가 현실적으로 힘들지요. 그렇지만 손을 놓고 아이들에게만 청소를 고스란히 맡길 수는 없다고 생각합니다. 또 대부분의 선생님들은 업무에 집중하다 보니 교무실을 청소하는 시간에도 자리를 지키고 계십니다. 그러면 아이들이 청소하기가 여간 어려운 것이 아닙니다. 그래서 저는 큰 소리로 "아이들이 교무실 청소 왔어요. 선생님들, 환기도 하고 청소할 테니 조금만 자리에서 일어나 주세요."라고 바람잡이를 합니다. 그러면 효과가 있어요. 대부분의 선생님들도 청소 담당 구역이 있으니 친절하게 움직이십니다. **저는 아이들이 교무실 청소를 좀 더 쉽게 하도록 배려하는 일을 합니다.** 쓸거나 닦을 때 장애물이 없는지, 창문을 열고 환기는 시키는지, 쓰레기 분리 상태는 양호한지 등 말입니다.

사제동행을 하는 상황에서는 큰일이나 사건이 일어나지 않음을 늘 느끼게 됩니다. 교사의 시선이 잠깐이라도 멀어지면 아이들은 어떻게 알고 딴청을 피우거나, 그러다 안 좋은 상황이 발생하기도 한답니다.

이 땅의 많은 선생님들이 사제동행을 실천하고 계십니다. 하지만 **더 많은 선생님들이 아이들을 사랑의 눈빛으로 바라보고, 늘 행복감을 주었으면 합니다.** 사랑이 배고픈 아이들입니다. 오늘도 아이들은 "선생님, 사랑을 주세요. 제 눈을 봐 주세요."라고 귓가에 속삭입니다.

3 왜 배우는지 모르는 벙어리 수학

요즘 학생들이 초·중·고 학교에서 배우는 수학의 최종 목적지는 어디일까요? 바로 '대학 입시'입니다. **학생들은 대학 입시라는 큰 관문을 통과하기 위해서 틀에 짜여진 입시 수학을 배우고 있습니다.** 그래서 학생들은 무의식적으로 수학에 대해 다음과 같은 말들을 합니다.

"수학은 대학 입학 시험에서 중요한 교과목이야."

"수학은 생활에서 쓰임새가 전혀 없어."

"수학을 왜 배우는지 모르겠어."

맞는 말이에요. 현재 학생들이 배우는 수학의 모든 것들은 대학에 들어가는 수단과 방법으로만 수학 공부를 유인하고 있습니다. 그렇기 때문에 수학 과목을 지도하는 교사조차도 학생들이 기습적으로 수학을 왜 배우는지 질문을 하면 "어, 어, 어… 그러니까… 왜 수학을 배울까?"라고 버벅거리기도 하지요. 수학을 대하는 학생, 교사, 학부모 모두가 수학을 포기할 수는 없고, 어쩔 수 없이 가지고 가야 될 족쇄로 여기고 있는 것입니다.

학교나 학원에서도 학생들에게 수학에 대해 다음과 같이 직설적으로 이야기하여, 왜곡된 수학 이미지를 각인시키고 있습니다.

"애들아, 수학은 암기 과목이야."

"수학은, 몰라도 공식만 외우면 돼."

"수학을 왜 배우는지는 대학에 들어간 다음에 알아도 돼."

너무나 무책임한 발언들이에요. **이러한 사회적인 인식이 수학 포기자를 만들어 내고 있고, 무의미한 수학 수업을 조장하고 있는 것입니다.**

많은 수업 시간 중에서 왜 수학 시간에 학생들은 잠을 잘까요? 그 이유는 아래와 같이 간단합니다.

"선생님, 수학 수업이 재미없고, 제가 왜 배우는지 모르겠어요."

수학을 지도하는 교사조차도 수업을 준비하면서 '이 단원은 왜 가르쳐야 되지?'라는 생각을 하기도 합니다. 수학을 전달하는 교사부터 입시에 올인하는 수업을 진행하다 보니, 억지로 따라가는 학생을 제외하고는 일찌감치 수학을 포기하는 학생들이 발생하는 것이지요.

"선생님, 저는 수학을 초등학교 4학년 때 포기했어요."

"초등학교 고학년이 되니 너무나 많은 계산들이 지루해요."

"이해가 되지 않았는데, 선생님은 진도만 빼요."

"제가 모르는 것을 금방금방 질문하지 못해요."

학생들은 위와 같은 신호를 보내지만, 그 신호를 받고도 학생들의 문제를 시원하게 해결해 주지 못합니다. **교실에서 수업하는 학생들의 수가 아직도 많기 때문입니다.** 한 교실의 학생 수가 20명 이하인 경우는 어느 정도 개별 지도가 가능하지만, 20명이 넘어가면 아무리 유능한 교사라 하더라도 한계에 부딪칩니다.

수학을 포기하지 않게 하는 방법은 아주 쉽습니다. 학생들의 '왜'라는 질문에 대한 답을 준비하는 것이지요. **수학 교사는 학생들에게 수학을 배우는 이유를 충분히 알려 줘야 합니다.** 타당한 이유가 있고, '왜?'라는 궁금증에 속 시원히 답을 줄 수 있는 수학 수업이 되어야 하는 것입니다. 그리고 상급 학교 진학에만 맞춰 프레임이 짜여진 현재의 교육과정도 수학 포기자를 만듭니다. 이를 막으려면, 수학 교과서부터 전면 바꿔야 합니다.

학생들은 수학의 진정한 아름다움을 느끼고 싶어 합니다. '수포자'가 된 것은 학생들의 책임이 아니에요. 교육과정을 만든 국가와 지도하는 교사의 책임이 큽니다. **학생들이 수학을 즐겁게 배우고, 느끼고, 그 속에서 호기심을 갖고 자극을 받아, 살아가는 데 꼭 필요한 것이 수학임을 깨닫도록 해 줘야 합니다.**

"수학을 왜 배울까?"에 대한 답을 준비하는 수업이라면, 학생들은 쉽게 수학을 포기하지 않을 것입니다.

4 짧은 단상, 교사에게 찾아오는 아이들

수학을 잘하지는 못하지만 수학을 좋아하고 교사를 잘 따르는 아이는, 종종 쉬는 시간에 수학에 대한 고민을 질문하려고 교무실에 들어옵니다. 이 아이가 계속적으로 교사를 찾아오고, 수학에 대해 고민을 털어놓을 수 있는 것은 아이와 교사의 관계 형성에 기초를 두고 있기 때문이에요. 아이들은 정직합니다. 싫어하는 교사에게는 먼저 다가서지 않아요.

용기 내어 다가오는 아이들에게, 아이의 성장과 실천에 대해 "너 참으로 대견하다.", "선생님은 너의 행동에 대해 지지를 보낸다.", "너의 풀이과정이 틀린 것은 아니야. 다만 이런 방법도 있는거야." 등의 말을 해 주어, **공감과 격려의 관계로 만들어 나가는 것이 중요합니다.**

5 학교 안에서 충분히 성공하고 실패하자

#수학 #왜배울까 #삶이고앎이고 #삶의의미와가치 #학교안에서충분히성공하고실패하자

예전에 "수학은 왜 배워요? 계산 과정도 많고 지루해요."라는 학생의 질문을 받은 적이 있습니다. 한참을 머뭇거리다가, "그러니까 말이다. 수학은 너희 성적에서 중요한 부분을 차지하고, 대학 진학에도 필요하고, 뭐… 어쩌구 저쩌구…."로 대충 갈무리한 기억이 떠오릅니다. 하지만 요즘에는 아이들이 물어보면, **"어, 네가 세상을 살아가는 데 꼭 필요한 역량이야."**, **"이 세상은 온통 수학적으로 되어 있거든. 꼭 필요하니 배워 두면 좋을 것 같아."**라고 이전보다 자신감 넘치는 답변을 합니다.

교사도 아이들을 지도하면서 배움이 늘어난다는 것을 믿고 있습니다. 교직에 들어온 지 어언 20년이 넘어 가니, 배움이 삶이고, 앎이고, 인생으로 느껴집니다.

예전에 중학교 소속인 저는 같은 건물 내에 있는 고등학교의 순회 교사로 나가서, 아이들에게 지수함수와 로그함수를 지도하였습니다. 페친분들은 다들 아시는, 밑, 지수, 밑, 진수, 밑이 10인 로그 등을 학생 주도적으로 학습하도록 도움을 주었지요.

그런데 아직도 교과서는 20년 전이나 지금이나 변한 것이 별로 없습니다. 오로지 모든 것은 가르치는 교사에 의해 디자인되고 설계된 폼으로 아이들에게 전달되고 있어요. 그래서 **교사의 유연한 학습 설계가 중요하다고 생각합니다.**

저는 '아이들에게 지수함수와 로그함수(증가와 함수 총 4가지 유형)를 어떻게 하면 쉽게 알려 줄까?'라는 고민을 합니다. x의 변화와 y의 변화되는 표를 알려 주고, 순서쌍의 점들을 찍고, 부드러운 곡선으로 이어 주면 해당 함수가 된다는 내용을 말이에요. 참으로 진부할 수 있는 고민 지점입니다.

물론 아직도 많은 수학 선생님들이 함수 부분을 그냥 교과서적으로만 전달하는 경우도 많습니다. 하지만 이제 생각의 전환이 필요하다고 생각합니다.

아이들에게 지수함수와 로그함수를 '어떻게 하면 쉽게 알려 줄까?'라는 고민의 해결은 의외로 간단했습니다. '수학 시간에도 과학 수업처럼 직접 실습을 해 볼까?'라는 생각에서 출발했어요. "수학 수업이 감히 어딜 컴퓨터실에 가?!"라는 비아냥이 몇 년 전까지도 있었지요. 그래도 수년째 수학 실습을 계속하면서 아이들에게 탐구 능력과 문제를 인식하고 해결하는 능력을 키워 주고 있답니다.

아이들은 컴퓨터실에서 그래프 프로그램을 스스로 조작해 보는 활동을 통해 그려지는 그래프에서 '나도 할 수 있다!'라는 자신감과 소소한 행복을 느끼게 됩니다. 당연히 교실 수업과 달리

진도 점핑도 가능하고요. 이래저래 아이들은 성적 꼴찌나 성적 1등이나 똑같이 과제를 수행해 냅니다. 약간의 시간 차이는 있지만, 누구나 성공하는 희열을 맛보게 되는 것이지요. 단 1명의 아이도 졸려하거나 힘들어하지 않습니다. 왜 그럴까 생각해 보면 아주 간단하게 답이 나옵니다. **아이들이 스스로 할 수 있는 여건을 수업 시간에 보장해 줬기 때문이지요.**

또 교사는 아이들과 꾸준히 교감을 해야 합니다. 아이들의 질문을 찾아가서 확인하고, 경청하고, 연결하고, 피드백을 해 줘야 합니다. 교사의 발문도 중요합니다. 아이들이 창의적인 생각을 하게 만들거든요. **교사는 수업 중에 부지런히 아이들의 과정을 지켜보면서 피드백을 해 주어야 합니다.** 피드백은 아이의 부족한 부분을 수정하고 성장시키는 것이기 때문이에요.

이렇게 해야 아이들은 학교나 교실에서 배우는 내용이 '나의 인생과 관련이 있구나.'라고 여깁니다. 아이들이 학교 생활을 하는 궁극적인 이유는, 삶의 의미와 가치를 학교 안에서 발견하고 실천하는 과정 속에서 성공과 실패를 경험해야 소중한 인간다운 인생을 만들 수 있다는 것입니다. 아이들이 스스로 설계하는 인생을 학교에서 배우길 바랍니다.

박금주

우성쌤도
수포자였다.

헌데,

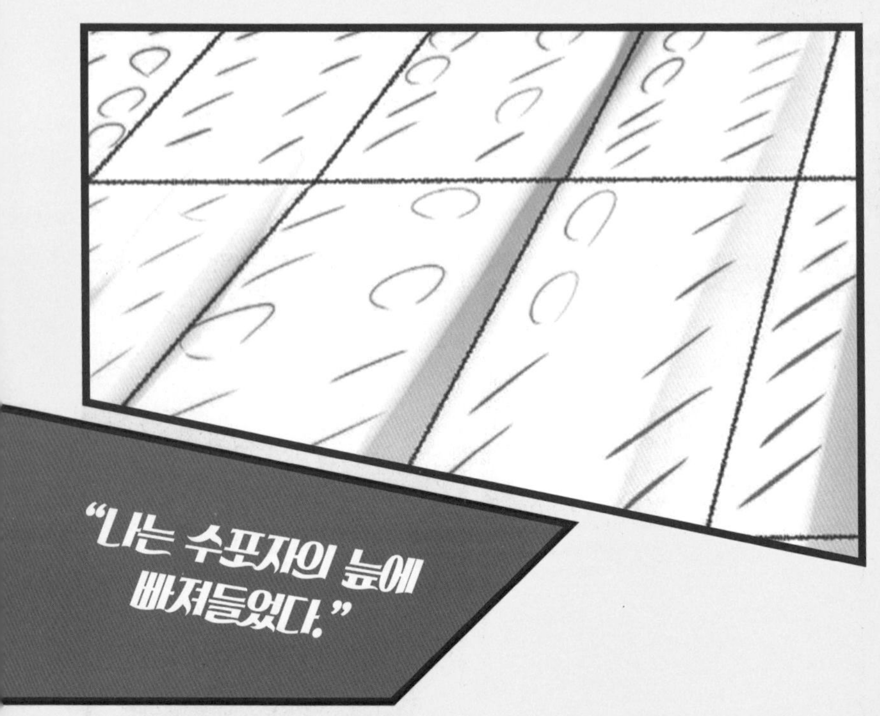
"나는 수포자의 늪에
빠져들었다."

한번에 다가오는 각종 계산들이
저를 수포자의 늪으로 빠지게
만들었어요.
바로 곱셈과 나눗셈, 분수,
소수계산, 혼합계산 등이었답니다.

수학 시험을 보면
틀린 개수보다
맞은 개수를 확인하는 것이
오히려 빨랐지요.

세월이 흘러
수포자에서 벗어나
현직 수학 교사가 된 지금
생각해 보니,
“누군가
저에게 손을 내밀어
이끌어 주었으면,
수포자가 되지 않고
즐겁게 수학을
공부할 수 있었을텐데….”라는
강한 아쉬움이 남아요.

수학은 잘 못하지만
수학을 좋아하고
교사를 잘 따르는 아이는
종종 쉬는 시간에
수학에 대한 고민을 상담하려고
교무실에 들어온다.

이 아이가 지속적으로
교사를 찾아오고
수학에 대해
고민을 털어놓을 수
있는 것은
아이와 교사 간의
관계 형성에
기초를 두고 있다.

아이들은 정직하다.
싫어하는 교사에게는
먼저 다가서지 않는다.

다가오는 아이들에게
"너 참 대견하다."
"선생님은 너의 행동을 지지해."
"네가 한 풀이과정이 틀린 것은 아니야.
다만 이런 방법도 있는 거지." 등의
공감과 격려를 통해
관계를 형성해 나가야 한다.

"○○아, 너는 왜 풀지 않니?"
"내일 모레가 시험인데, 공부는 안 해?"
"선생님이 중요한 개념을 설명하고 있는데 자꾸 딴짓할 거야?"

십중팔구 이런 유형의 학생들은
"저 수학 싫어요."
"못 풀겠어요."
"진도를 못 따라가겠어요."
"시험 볼 때 그냥 한 번호로 찍을 거예요."
등으로 답한다.

학생들을 가르치다 보면,
공식 탄생 과정을 이해하는 것에는 관심이 없고
공식만 외우려고 합니다.
물론 공식을 외우면 수학 공부가 수월하지요.

하지만 수학 공식만
외우고 계산식 문제만
잔뜩 풀다 보면,
어느덧 수포자의 길로
들어서고 있는
자신의 모습을
발견하게 됩니다.

공식은 수학 문제를
해결하는 것을
좀 더 쉽고 간단하게
이끌어 주는 도구에
불과합니다.
공식만 외우는
학생들은
수학의 진가를
경험할 수 없어,
문제 해결력이나
창의력을 요구하는
문제는 풀지 못합니다.

그래서 저는 수학 시간에 학생들이
예전에 배운 내용을 잊어버린 경우,
시간이 허락하는 한
다시 설명하는 시간을 갖습니다.
여러분, 근의 공식은
원래 완전제곱식꼴로
근이나 해를 구하는
과정에서 발견되었어요.
수학을 재미있게
공부하고 싶다면,
공식이나 개념의 탄생 과정을
이야기식으로 설명하는 것이
필요해요.
학생들은 공식을 외우는
것만으로도 바쁘겠지만,
반대로 과정을 살펴보며
이해하고, 공식은
천천히 접근해도
될 거예요.

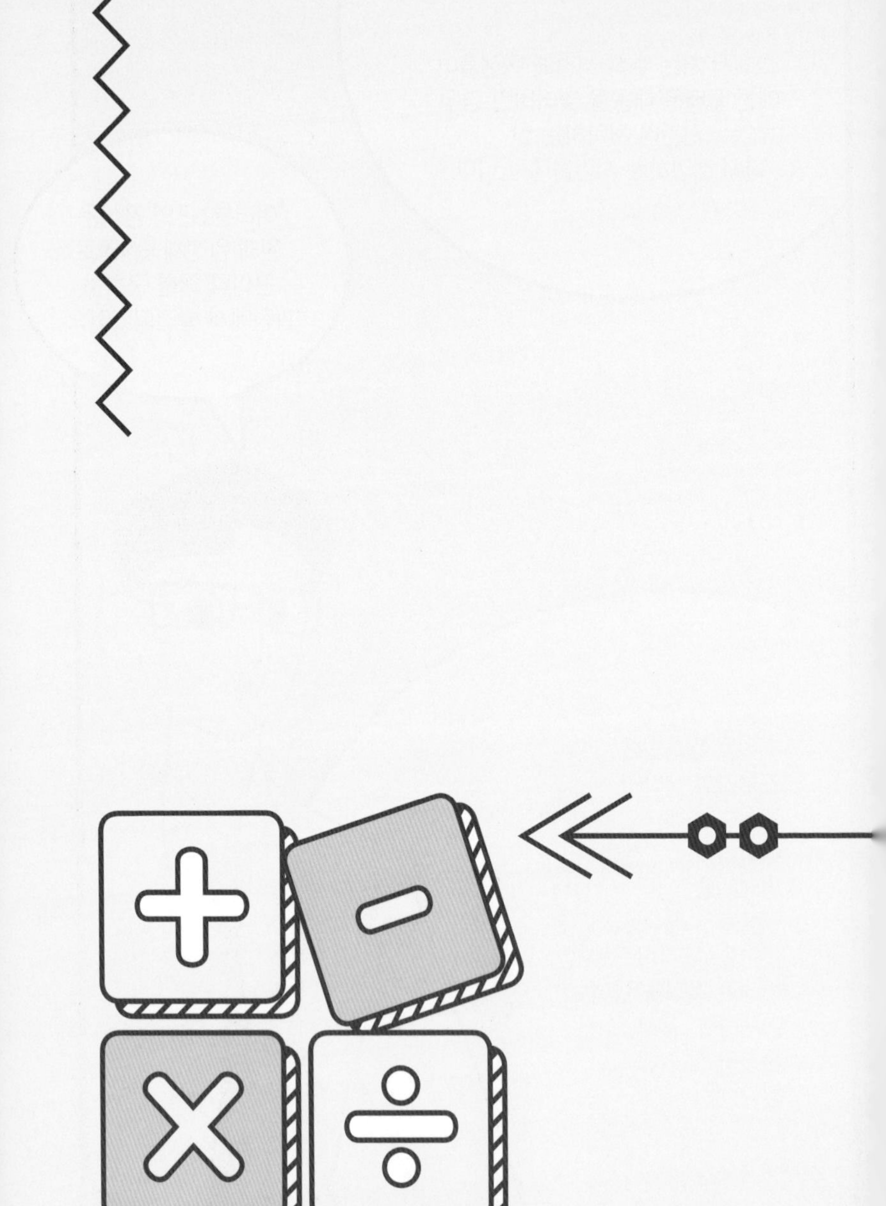

부록
수학,
디지털
리터러시와
만나다

스토리보드댓을 활용한 학습 만화 제작하기(중1 기본도형)

개요

1. 주제

자신이 제작하는 학습 만화

2. 스토리보드댓 소개

스토리보드댓닷컴, 스토리텔링을 쉽게 할 수 있는 저작 도구를 제공해 주는 서비스. 스토리보드댓닷컴을 활용하면 쉽게 만화를 만들어서 수업에 활용할 수 있습니다.

3. 점, 선, 면이 구현하는 세상

▲ 패턴, 디자인

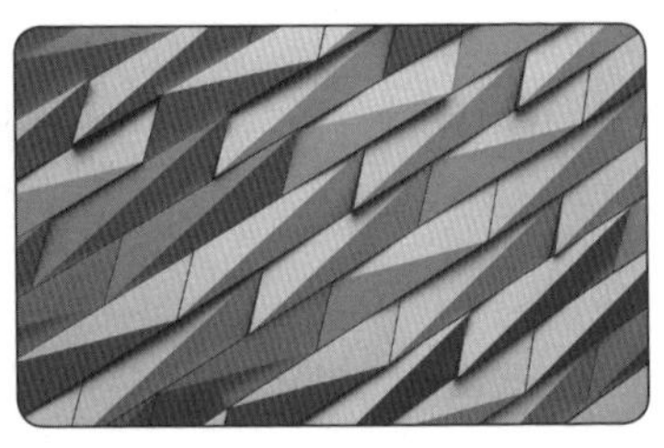

▲ 패턴

1) 점, 선, 면

수학에서는 점이 모여 선이 만들어지고, 선이 모여서 면이 만들어집니다. 면들이 차곡차곡 쌓여서 평면도형이 되고 입체도형이 됩니다. 이처럼 우리가 살고 있는 세상을 구성하는 기본적인 요소로 자리 잡고 있는 것이 바로, 점, 선, 면 등입니다. 이와 같은 기본 요소가 우리 일상생활 속에 깊숙이 파고들어 있습니다. 학생들이 이 단원을 학습하면서 도형의 구성 단위를 생활에서 파악할 수 있습니다.

2) 학습 만화

대부분의 수학 교과서에는 소단원, 중단원, 대단원이 끝나면 학생들이 스스로 할 수 있는 활동이 주어집니다. 학습 내용에 대한 마인드맵, 만화, 포스터, 수학시 등을 창작하여 구현합니다. 학생들이 학습한 내용에 관한 것들을 스토리로 엮어서 만들면 수학을 이해하는 데 큰 도움이 됩니다.

3) 관련 사진

칸딘스키(추상 미술의 아버지)는 세상에 보여지는 모든 현실을 점과 선과 면으로 나누어 쪼개고, 합치고, 분할하고, 리듬과 생명을 부여해 그림을 그려 내는 예술가입니다. 모든 물질은 하나의 점에서 출발하며, 모든 회화는 하나의 원천적인 점에서 시작합니다. 여러 개의 점들이 모여서 서로 다른 성질의 물질을 만들어 내며, 점에서 시작한 원천은 여러 가지 선을 만들어 냅니다. 독립적인 존재처럼 보이는 면은, 실은 점과 면의 집합체입니다. 없어서는 안 될 존재, 면에게 주어지는 또 다른 의무, 또 다른 해석입니다. 칸딘스키는 면 위에 점과 선이 더해지면 다른 의미로 해석되고, 리듬을 갖고, 색감을 갖고, 느낌을 갖는다고 합니다.

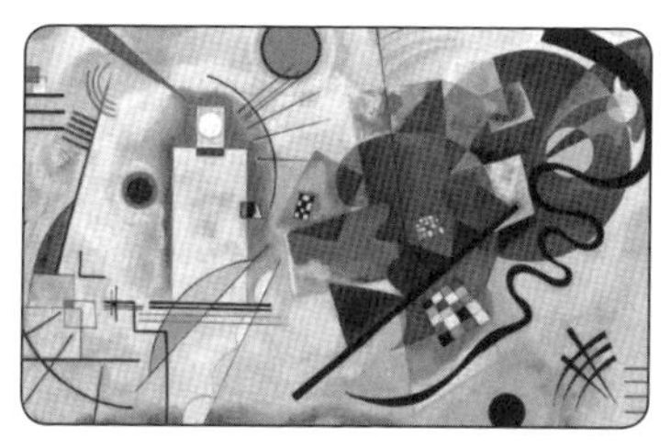

▲ 패턴, 디자인

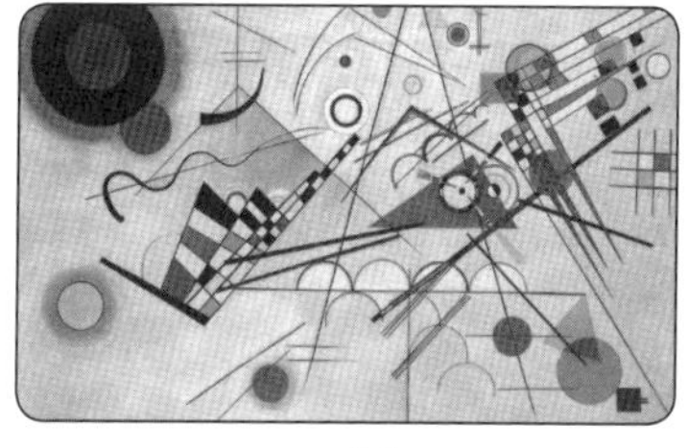

▲ 패턴

4) 활동

학생들은 배운 내용인 점, 선, 면이 구현하는 세상이 우리의 일상임을 알게 됩니다. 따라서 디지털 도구인 스토리보드댓을 이용하여 자신만의 이야기가 들어간 보드를 제작하도록 합니다. 등장하는 장면, 캐릭터, 텍스트, 모양, 인포그래픽 등은 모두 점, 선, 면으로 구성되었음을 인지하게 됩니다.

5) 저자 생각

스토리보드댓은 모든 수학 단원에 적용 가능합니다. 특정한 단원에 한정하지 않아도 됩니다. 다만, 1주일이나 2주일분의 차시가 종료된 후에 배운 내용을 가지고 각자의 이야기를 구성하여 스토리보드댓의 다양한 메뉴를 선택 드래그하면 좀 더 알찬 스토리보드댓을 만들 수 있을 것입니다.

수업 실제

1. 수업 목표

- 점, 선, 면의 성질을 이해할 수 있다.
- 스토리보드댓을 활용하여 자신이 제작한 학습 만화를 패들렛에 탑재할 수 있다.

2. 차시별 수업 내용

	수업 내용
1	점, 선, 면의 성질을 이해하고, 교점, 교선을 설명하기
2	스토리보드댓 프로그램을 활용하여 배운 내용을 토대로 나만의 학습 만화 제작하기

3. 추상미술을 창시한 칸딘스키의 작품 감상

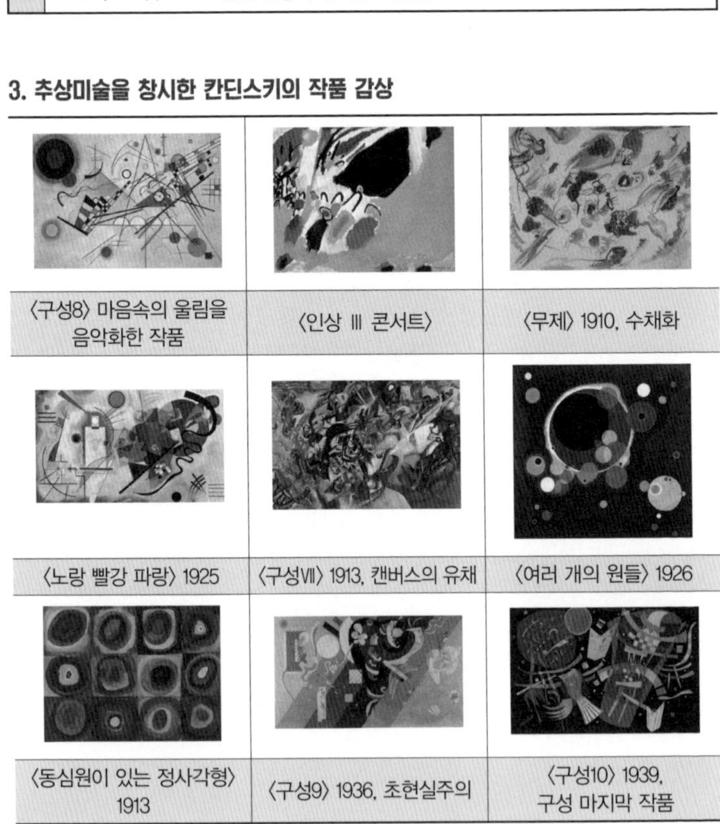

〈구성8〉 마음속의 울림을 음악화한 작품	〈인상 Ⅲ 콘서트〉	〈무제〉 1910, 수채화
〈노랑 빨강 파랑〉 1925	〈구성Ⅶ〉 1913, 캔버스의 유채	〈여러 개의 원들〉 1926
〈동심원이 있는 정사각형〉 1913	〈구성9〉 1936, 초현실주의	〈구성10〉 1939, 구성 마지막 작품

4. 교수-학습 과정안

<table>
<tr><th colspan="6">(수학)과 교수-학습과정안</th></tr>
<tr><td>단원</td><td colspan="5">기본도형(점, 선, 면, 각)</td></tr>
<tr><td>대상</td><td>중1</td><td>차시</td><td>2차시</td><td>디지털 도구</td><td>padlet 패들렛 : 의견 수합
스토리보드댓 : 학습 만화 제작</td></tr>
<tr><td>수업 목표</td><td colspan="5">1. 점, 선, 면의 성질을 이해할 수 있다.
2. 스토리보드댓을 활용하여 자신이 제작한 학습 만화를 패들렛에 탑재할 수 있다.</td></tr>
<tr><td>단계</td><td>학습 요소</td><td colspan="3">교수 · 학습활동</td><td>활용 도구</td></tr>
<tr><td rowspan="3">도입</td><td>학습 준비 안내</td><td colspan="3">자리 배치 확인
교과서 및 활동지 준비
수업 분위기 조성</td><td></td></tr>
<tr><td>동기 유발</td><td colspan="3">● 동영상 보여 주기
[문화재 돋보기] 조각보
https://www.youtube.com/watch?v=tDszf3AtjvQ
내용–AI와 예술의 접목에 관한 뉴스
● 발문
밥상을 덮는 상보로 쓰이면서 무언가를 싸 담는 보자기로도 변신하는 조각보는 화사하고 규칙적인 배열을 지닌 수학 속성을 지니고 있는데요. 그 속에서 점, 선, 면, 각을 알아보도록 해요.
● 조각보 동영상 시청 후 이야기 나누기
조각보에는 점, 선, 면도 있지만, 각도 우리가 찾을 수 있답니다. 우리의 일상생활 속에서 존재하는 다양한 도형에서는 점, 선, 면, 각을 찾을 수 있으며, 그 성질을 알아볼 수 있답니다.</td><td>동영상 자료(유튜브)
https://www.qr–code–generator.com 어플</td></tr>
<tr><td>학습 목표 제시</td><td colspan="3">● 학습 목표를 다 함께 읽어 보도록 한다.
• 점, 선, 면의 성질 이해하기
• 패들렛, 스토리보드댓 설명하기</td><td></td></tr>
</table>

단계	학습 요소	교수 · 학습활동	활용 도구
전개	개념 열기	**• 점, 선, 면은 무엇일까?** • 점, 선, 면 그리기 실험 영상 보기 • https://www.youtube.com/watch?v=q1S5ncl2bCw • 교점, 교선 설명하기	동영상 자료 (유튜브)
	관련 수학자	**• 유클리드** • 유클리드 수학자 동영상 시청하기 • https://www.youtube.com/watch?v=MD10ESBirnc • 교점, 교선 설명하기	동영상 자료 (유튜브)
	어플 소개 동영상 보기	**• 패들렛 어플 소개 동영상 보기** • https://www.youtube.com/watch?v=ONw9mNGYAW4 • 패들렛 어플의 사용 방법 익히기 • 실습할 학습 만화 패들렛에 탑재하기	동영상 자료 (유튜브)
	어플 소개	**• 스토리보드댓 어플 소개** • https://www.storyboardthat.com/ • 스토리보드 만들기 설명하기 • 3컷 학습 만화 또는 6컷 학습 만화 제작하는 것 설명하기 • 제작한 학습 만화 패들렛에 탑재하기 알려 주기	동영상 자료 (유튜브)
	스토리 보드댓 실습하기	**• 스토리보드댓 어플 활용하여 실습해 보기** • 스토리보드댓을 실행하여 학습한 내용을 어떻게 구현할 것인지 구상하여 표현하기	스토리보드댓 어플
	스토리 보드댓을 활용하여 학습 만화 제작하기	**• 개별 학습 및 협력 학습** • 학습한 점, 선, 면의 성질을 이용하여 평면도형과 입체도형으로 배운 내용에 대한 학습 만화 제작하기 • 주어진 스토리보드댓의 다양한 메뉴를 드래그 기능을 활용하여 만들기 하는 셀로 옮겨서 다양한 편집 기능 사용하기 **• 학습 만화 제작하기** **• 제작한 학습 만화 캡처 기능을 사용하여 패들렛에 올리기**	HumOn 어플 구글 프레젠테이션

단계	학습 요소	교수 · 학습활동	활용 도구
전개	패들렛에 탑재된 학습 만화 상호 평점 주기	• 학습 만화 패들렛에 캡처하여 탑재하기  Create your own at Storyboard That • 패들렛에 학습 만화 탑재하기  대부중학교 1학년 1반 18번 19번 20번 21번 • 제작한 개별 작품에 대한 평점 주기 및 댓글 추가 ★★★★(2) 댓글 추가 ★★★★(1) 댓글 추가 ★★★(2) 댓글 추가 	구글 프레젠테이션 HumOn 어플 유튜브 동영상 구글 프레젠테이션 활동지 풀기를 통해 학습한 내용에 대해 이해한다. 스토리보드댓을 통해 제작한 학습 만화를 패들렛에 탑재한다. 탑재한 작품에 대해 서로 간 상호 별점 주기 평가를 한다. 패들렛에 상호 작품에 대한 별점 주기와 댓글 달기를 진행한다.
정리	수업 내용 정리	• 배운 학습 내용 정리하기 • 제작한 학습 만화 잘된 작품 소개하기	
차시 예고	차시 예고		
마무리	수업 정리 및 인사		

5. 학생 활동지

_____ 학년 _____ 반 _____ 번 이름 ________________

1. 칸딘스키, 그는 누구인가요?

2. 칸딘스키의 〈구성8〉은 무엇을 나타내는 작품인가요?

3. 각 도형의 교점의 개수를 찾아 주세요.

4. 자신이 제작한 스토리보드에서 교점을 찾아 주세요.

5. '점, 선, 면' 3글자로 3행시를 완성해 주세요.

6. 프레젠테이션 자료

(사진=다양한 패턴)

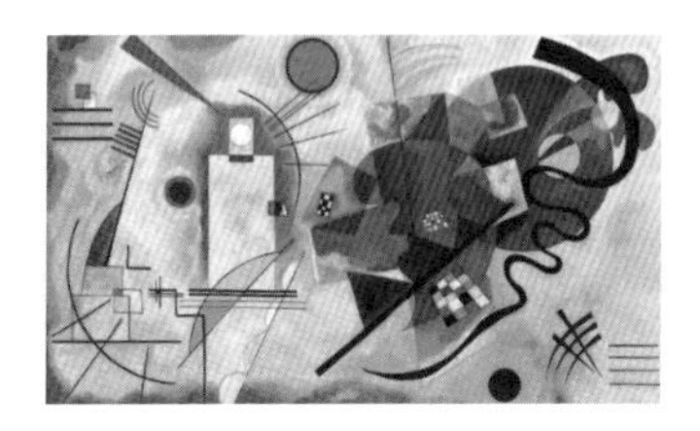

(사진=칸딘스키의 작품)

(사진=칸딘스키)

(사진=비상 중1 수학 스마트교과서 캡처)

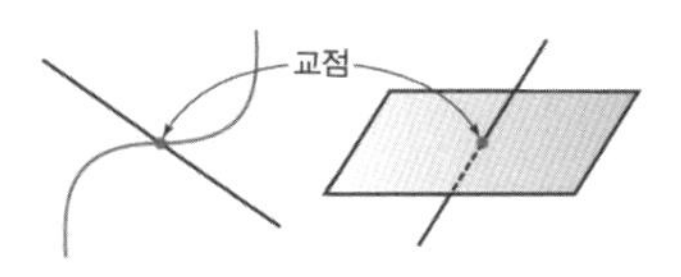

(사진=비상 중1 수학 스마트교과서 캡처)

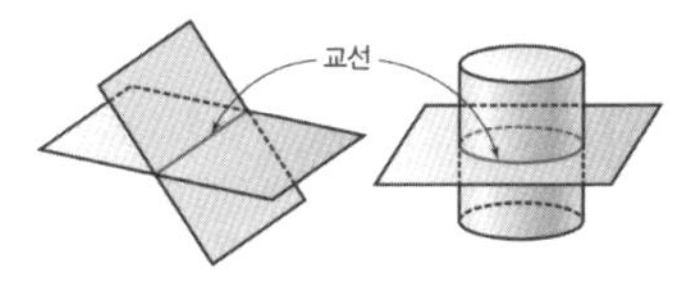

(사진=비상 중1 수학 스마트교과서 캡처)

7. 학생 결과물 예시

수학자 유클리드에 대해 조사해오세요!
우리 일단 책부터 찾아볼까?
그래!!
BC 300년경에 활약한 그리스의 수학자래!
엄청 대단한 사람이구나~
그리스기하학의 대성자라고 나와있어
기하학과 동의어로 통용되는 정도래!
조사를 잘 잘해왔구나**
Create your own at Storyboard That

padlet
최우성 + 16 · 5시간
대부중학교 1학년 1반
기발함이 있는
18번
익명 7시간
★★★★(2)
댓글 추가
19번
익명 7시간
★★★★(1)
댓글 추가
20번
익명 7시간
★★★(2)
댓글 추가
21번
익명 7시간
★★★(1)
댓글 추가

PART 2

지오지브라클래식을 활용하여 도형 쉽게 작도하기(중1 기본도형)

개요

1. 주제

내 맘대로 활용하는 지오지브라클래식

2. 지오지브라클래식 소개

무료 온라인 앱 번들로, 그래프, 기하, 대수, 3차원, 통계, 확률 등 모든 것을 하나의 앱으로 구현 가능합니다. 일명, 온라인 수학 디지털 도구입니다. 기하, 대수, 스프레드시트, 그래프, 통계 및 미적분을 하나의 인터페이스에서 쉽게 다룰 수 있는, 모든 수준의 교육을 위한 무료 수학 소프트웨어입니다.

3. 지오지브라클래식에서 기본도형이 구현하는 세상

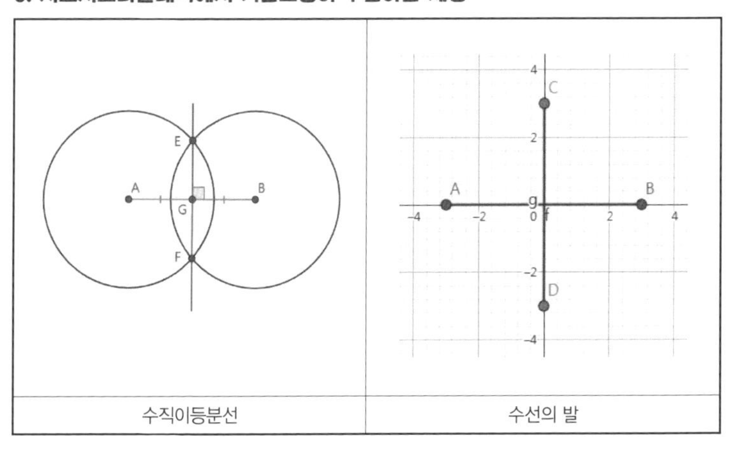

수직이등분선	수선의 발

1) 각, 교각, 맞꼭지각, 직교

각은 같은 끝점을 갖는 두 반직선이 이루는 도형입니다. 이 끝점을 각의 꼭짓점이라고 합니다. 두 반직선을 각의 변이라고 합니다. 각의 두 변이 벌어진 정도를 나타내는 양을 각도라고 합니다. 교각은 두 직선이 한 점에서 만날 때 생기는 네 각입니다. 맞꼭지각은 교각 중에서 서로 마주 보는 각입니다. 두 직선의 교각이 직각일 때, 두 직선을 직교라고 합니다.

2) 지오지브라클래식

눈금없는자, 컴퍼스, 각도기 등을 이용하는 수학 수업에서 학생들이 정확한 길이, 각도, 원 등을 만들 수 없는 것을 알고 있습니다. 그에 따라 다양한 수학 소프트웨어 프로그램이 등장하고 있지만, 대부분 무료가 아닌 유료입니다. 지오지브라클래식은 다양한 부분에 있어서 참으로 유용한 디지털 도구입니다. 더구나 눈금없는자, 컴퍼스, 각도기 등을 자주 사용해야 하는 중학교의 경우, 학생이나 선생님들이 수학 수업용 교구를 챙겨 오고 나눠 주고 하는 과정 속에서 많은 시간을 낭비하게 됩니다. 물론 교과서의 내용을 종이 위에 작도하는 활동을 하는 것이 유쾌할 수도 있지만, 삐뚤삐뚤한 원, 정확하지 않은 각, 오차가 늘 발생하는 기본도형 그리기는 학생들이나 선생님들에게 큰 어려움으로 다가옵니다. 이와 같은 어려움을 한번에 해결하는 지오지브라클래식은 학생과 선생님 모두에게 수업의 만족을 선사합니다.

3) 지오지브라 개발자

지오지브라는 2002년 오스트리아 잘츠부르크의 마르쿠스 호헨바터에 의해 개발되었습니다. 그는 자신의 석사 논문 주제에서 다양한 기능이 결합된 소프트웨어를 구현하였습니다. 2002년 인터넷을 통해 지오지브라를 공개하였고, 오스트리아와 독일의 수학 교사들은 지오지브라를 수학 수업에 활용하기 시작했습니다. 2006년 이후로 지오지브라의 개발은 미국의 플로리다 아틀란틱 대학에서 계속되었으며, 그곳에서 마르쿠스 호헨바터 박사는 미국 과학 재단의 지원하에 교사 연수 프로그램을 진행하였습니다. 현재는 중등 수학 교사이며 지오지브라 개발 총책임자인 마이클 볼셔즈 외 50여명 이상으로 이루어진 다국적 자원자로 구성된 개발팀이 지오지브라의 개발을 지속하고 있습니다.

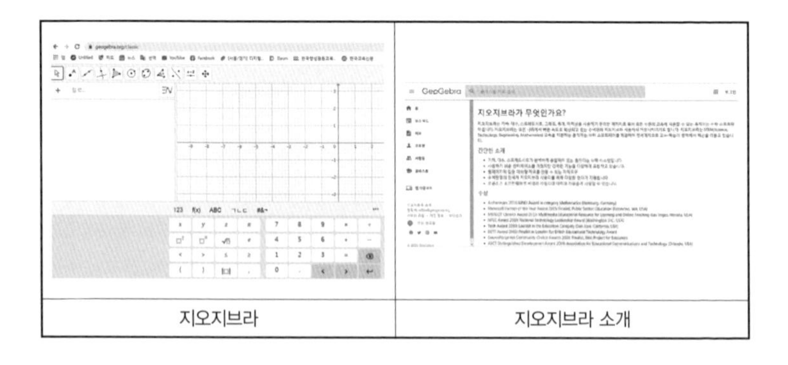

지오지브라	지오지브라 소개

4) 활동

지오지브라 디지털 도구는 수학을 어려워하는 학생들과 지도하는 교사들에게 유용한 도구로, 수학 학습에 도움이 되고자 개발한 것입니다. 누구나 따라할 수 있는 도구입니다. 눈금없는자, 각도기, 컴퍼스가 없어도 훌륭하게 주어진 도형을 작도하고 확인할 수 있습니다. 또한 배운 내용을 토대로 창의적인 방법으로 다양한 도형을 표현할 수도 있습니다.

5) 저자 생각

지오지브라(클래식)는 수학 수업에 있어서 거의 혁명적인 존재입니다. 이렇게 훌륭한 디지털 도구가 전세계에 무료로 배포된 소프트웨어인지 반문해 볼 정도입니다. 학생들은 교과서에 있는 다양한 수학적 내용을 지오지브라클래식을 이용하여 시각적으로 손쉽게 표현할 수 있습니다. 복잡한 계산부터, 다양한 함수 그래프까지 '뚝딱' 하고 나오도록 해 줍니다. 그래서 수학 수업이 학생이 주도하는 활동적인 수업으로 변모할 수 있습니다. 수업이 재미있으니, 모든 학생들이 전부 따라옵니다. 단 1명의 낙오자도 발생하지 않습니다. 학생들이 수학을 즐겁고, 재밌게 배울수록 자신의 삶을 살아가는 방법을 좀 더 빨리 터득할 수 있을 것입니다.

수업 실제

1. 수업 목표

- 각을 이해하고 이를 기호로 나타내기, 맞꼭지각의 성질을 이해하기
- 지오지브라클래식을 활용하여 기본도형을 쉽고 정확하게 작도하여 패들렛에 탑재할 수 있다.

2. 차시별 수업 내용

	수업 내용
1	각을 이해하고 이를 기호로 나타내기, 맞꼭지각의 성질을 이해하기
2	지오지브라클래식을 활용하여 기본도형을 쉽고 정확하게 작도하여 패들렛에 탑재하기

3. 수업과 관련된 학습 내용

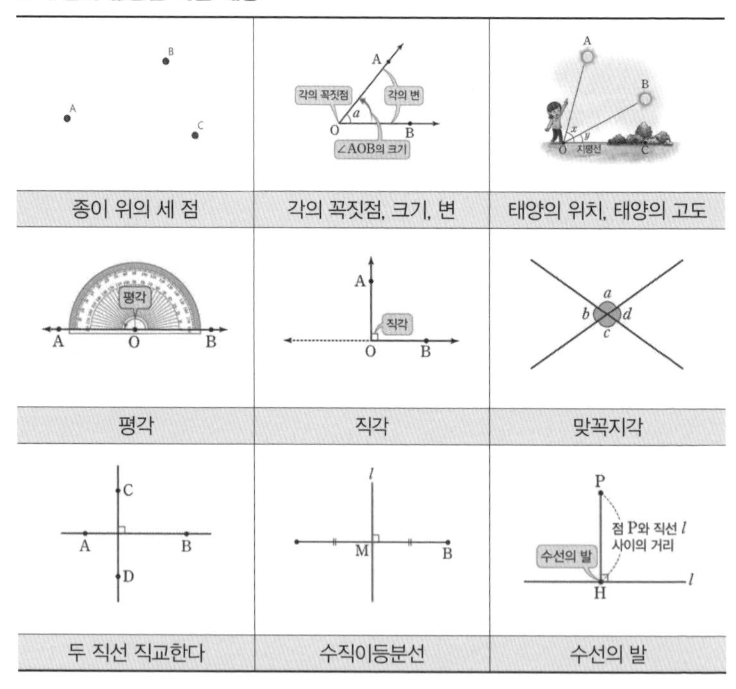

4. 교수-학습 과정안

<table>
<tr><th colspan="6">(수학)과 교수-학습과정안</th></tr>
<tr><td>단원</td><td colspan="5">각은 기호로 어떻게 나타낼까?
맞꼭지각은 무엇일까?
직교, 수직이등분선, 수선의 발은 무엇일까?</td></tr>
<tr><td>대상</td><td>중1</td><td>차시</td><td>2차시</td><td>디지털 도구</td><td>padlet 패들렛 : 작품 전시
지오지브라클래식 : 공학적 도구</td></tr>
<tr><td>수업 목표</td><td colspan="5">1. 각을 이해하고 이를 기호로 나타낼 수 있다.
2. 맞꼭지각의 성질을 이해할 수 있다.
3. 학습한 내용을 공학적 도구를 활용하여 기본도형을 쉽고 정확하게 작도할 수 있다.</td></tr>
<tr><td>단계</td><td>학습 요소</td><td colspan="3">교수 · 학습활동</td><td>활용 도구</td></tr>
<tr><td rowspan="3">도입</td><td>학습 준비 안내</td><td colspan="3">자리 배치 확인
교과서 및 활동지 준비
수업 분위기 조성</td><td></td></tr>
<tr><td>동기 유발</td><td colspan="3">● 동영상 보여 주기
[공학적 도구] 지오지브라
https://www.youtube.com/watch?v=BXeAoPpfBwA
지오지브라 설치 및 실행화면
● 발문
오늘 학습할 내용인 각, 맞꼭지각, 직교, 수직이등분선, 수선의 발에 대해 알아보고, 공학적 도구인 지오지브라를 이용해서 각자 작도해 보는 활동을 한다.
● 동영상 시청 후 이야기 나누기
실제적으로 작도에 필요한 종이, 자, 각도기 등으로 각을 작도해 보면, 정확하게 각도를 측정하기는 힘들다. 따라서 정확한 측정값을 보여 주는 공학적 도구의 필요성을 알려 준다. 공학적 도구를 사용하면 한치의 오차도 없이 정확하게 측정된 도형을 작도할 수 있다.</td><td>동영상 자료</td></tr>
<tr><td>학습 목표 제시</td><td colspan="3">● 학습 목표를 다 함께 읽어 보도록 한다.
• 각, 평각, 맞꼭지각, 직교, 수직이등분선, 수선의 발 이해하기
• 패들렛, 지오지브라클래식 설명하기</td><td></td></tr>
</table>

단계	학습 요소	교수 · 학습활동	활용 도구
전개	개념 열기	**● 각은 기호로 어떻게 나타낼까?** • 각의 뜻과 기호 • 한 점 O에서 시작하는 두 반직선 OA, OB로 이루어진 도형을 각 AOB라 하고, 이것을 기호로 ∠AOB 또는 ∠BOA와 같이 나타내는 방법을 설명한다. **● 교각, 맞꼭지각은 무엇일까?** 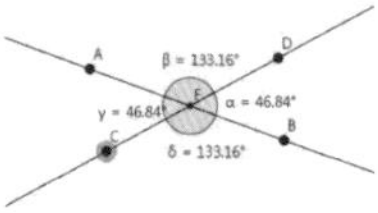 • 교각 : 두 직선이 한 점에서 만날 때, 생기는 네 각 • 맞꼭지각 : 교각 중에서 서로 마주 보는 각 **● 직교, 수직이등분선, 수선의 발은 무엇일까?** • 직교 : 두 직선의 교각이 직각일 때, 두 직선은 직교한다 수직이등분선 / 수선의 발	
	어플 소개	**● 지오지브라 소개** • https://www.geogebra.org/classic • 지오지브라 메뉴 사용법 소개하기 • 학습한 내용에 대해 작도하는 방법 설명하기 • 모든 메뉴 눌러서 확인하면서 도움말 찾아보기	지오지브라 클래식
	지오지브라 실습하기	**● 지오지브라클래식 활용하여 실습해 보기** • 지오지브라를 실행하여 학습한 내용을 어떻게 구현할 것인지 구상하여 표현하기	지오지브라 클래식

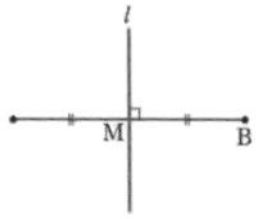

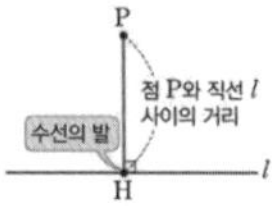

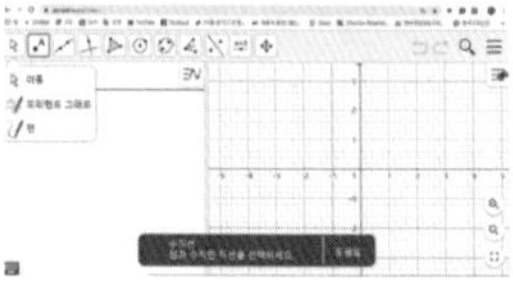

단계	학습 요소	교수 · 학습활동	활용 도구
전개	지오 지브라를 활용하여 학습 내용 작도해 보기	• **개별 학습 및 협력 학습** · 학습한 각, 직각, 맞꼭지각, 직교, 수직이등분선, 수선의 발 등에 대해서 지오지브라클래식(공학적 도구)을 활용하여 제작하기 · 교사는 빔을 통해 보여지는 화면을 통해 학생들이 따라할 수 있도록 배려한다. · 질문하는 학생은 짝꿍 학생, 미션완료 학생이 도우미로 활동하며, 교사는 순회하면서 도움을 준다. · 주어진 과제를 완성한 학생은 화면을 캡처하여 패들렛에 탑재한다. • **학습 내용 작도하기** • **작도한 도형 캡처 기능을 사용하여 패들렛에 올리기**	지오지브라 클래식
	작도한 도형 패들렛에 탑재하기	• **작도한 도형 패들렛에 캡처하여 탑재하기** • **패들렛에 작도한 도형 탑재하기**	패들렛 https://hoy.kr/Dd5cS
	별점 주기	• **제작한 개별 작품에 대한 별점 주기 및 댓글 추가**	탑재한 작품에 대해 서로 간 상호 별점 주기 평가를 한다.
정리	수업 정리 및 인사	• **배운 학습 내용 정리하기** • **작도한 도형 잘된 작품 소개하기**	
	차시 예고	• **차시 예고**	
	마무리	• **수업 정리 및 인사**	

5. 학생 활동지

_____ 학년 _____ 반 _____ 번 이름 ________________

1. 이 디지털 도구는 무엇인가요?

2. 지오지브라클래식을 활용하여 아래와 같이 나타내어 주세요.(지오지브라 화면 캡처 패들렛 탑재)

3. 지오지브라클래식을 활용하여 아래와 같이 나타내어 주세요.(지오지브라 화면 캡처 패들렛 탑재)

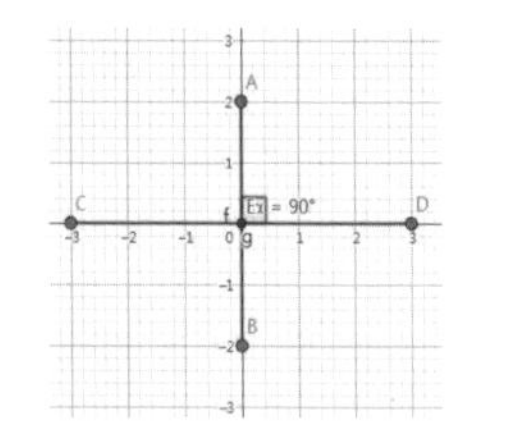

4. 3번 문항을 보고 다음을 기호로 나타내어 주세요.
   (1) 직선 PQ의 수선
   (2) 직선 AB와 직선 PQ의 관계
   (3) 점 A에서 직선 PQ에 내린 수선의 발
   (4) 점 P와 직선 AB 사이의 거리

5. '지, 오, 지, 브, 라' 5글자로 5행시를 완성해 주세요.

6. 프레젠테이션 자료

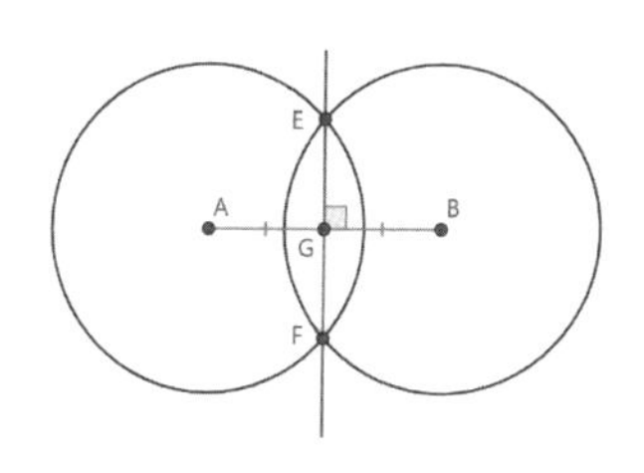

(수직이등분선)

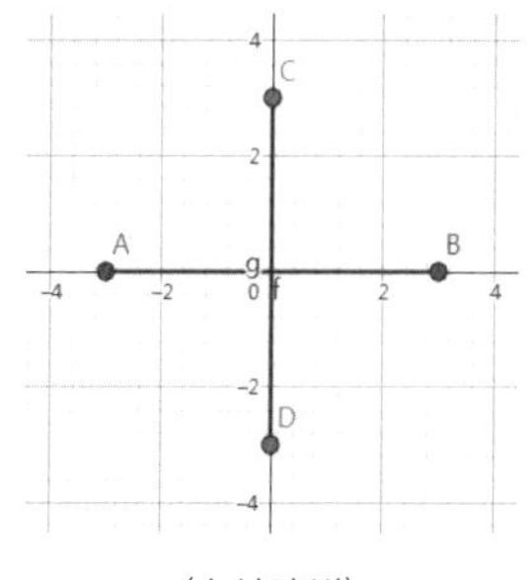

(수선의 발)

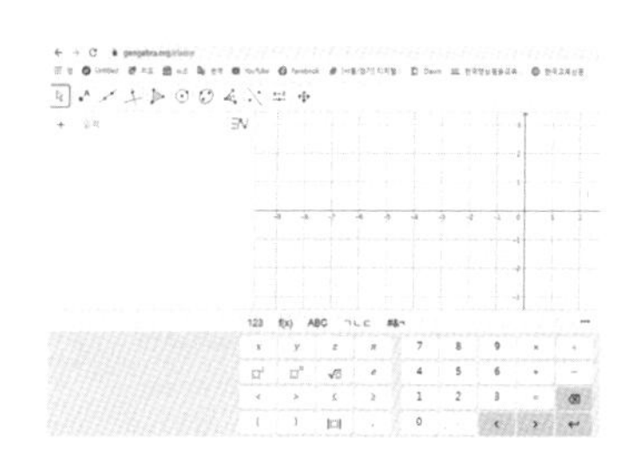

(지오지브라)

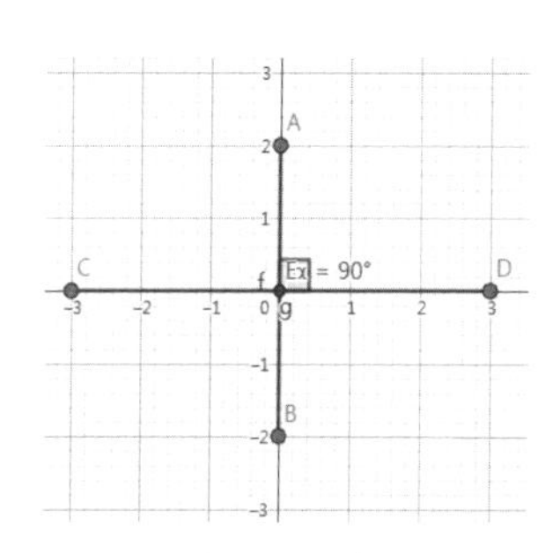

(지오지브라)

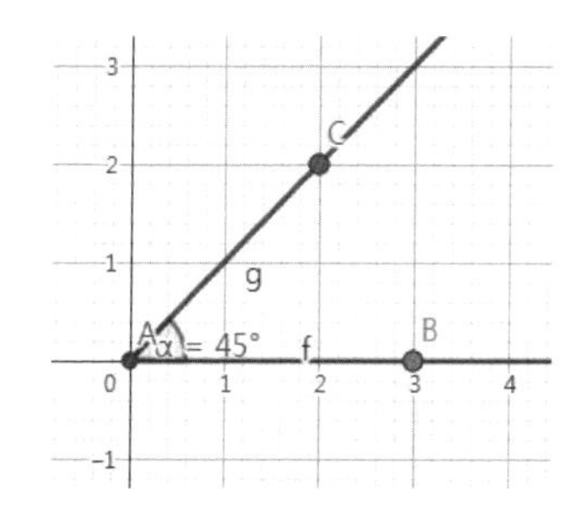

(사진=비상 중1 수학 스마트교과서 캡처)

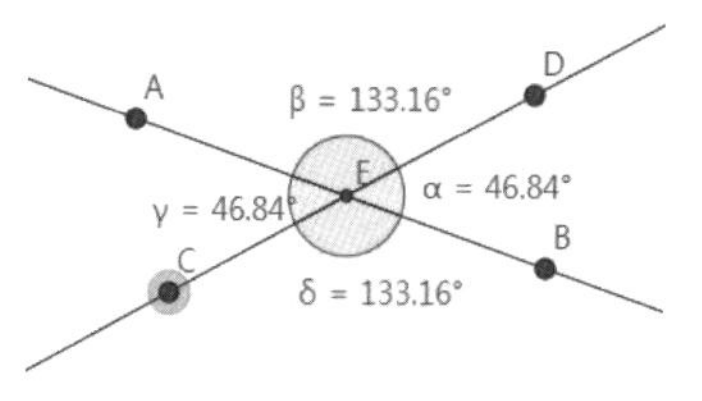

(지오지브라)

7. 학생 결과물 예시

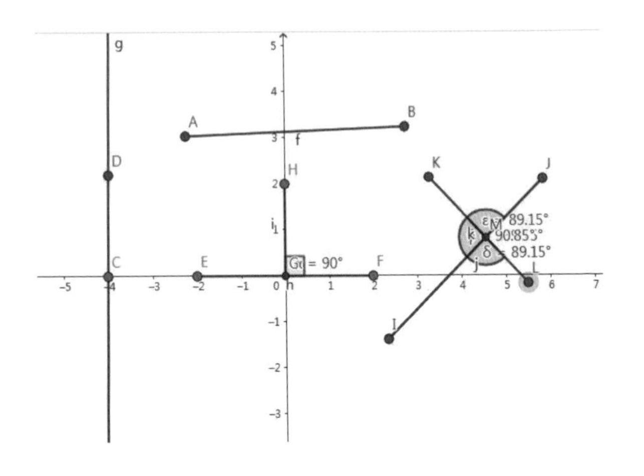

g
A
B
f
D
H
K
J
C
E
F
I
L
M
j
k
i
h
G = 90°
89.15°
90.85°
89.15°

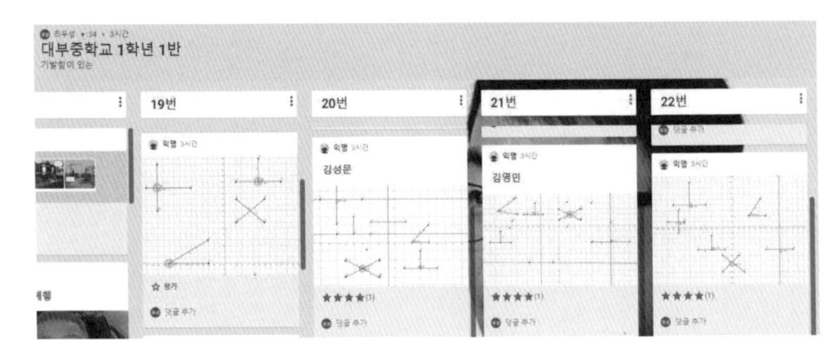

대부중학교 1학년 1반
19번
20번
21번
22번
김성문
김영민

PART 3 망고보드를 활용하여 자신만의 방법으로 표현하기(중1 기본도형)

개요

1. 주제

나도 디자이너가 될 수 있다.

2. 망고보드 소개

망고보드는 쉬운 디자인 플랫폼입니다. 이를 이용하면 누구나 쉽게 디자이너가 될 수 있습니다. 무료 회원가입을 하면, 마법 같은 디자인 툴과 저작권 걱정없이 사진, 일러스트, 아이콘, 폰트, 차트까지 몽땅 사용할 수 있습니다.

3. 망고보드로 학습 내용 디자인하기

템플릿으로 디자인하기	템플릿으로 디자인하기

1) 미술실에 가지 않아도

학생들이 배운 내용을 일목요연하게 정리하는 기술은 미래를 살아가는 데 꼭 필요한 역량입니다. 더구나 디자인이 가미된 포스터나 광고 배너의 형식이라면 놀랄 만한 일입니다. 이와 같은 전문적인 디자인을 쉽게 할 수 있는 망고보드를 활용하여 나만의 아이디어가 담긴 포스터를 완성할 수 있습니다. 배운 내용을 스스로 정리할 수 있는 기회를 제공하고, 여러 학생들이 제작한 작품을 상호 비교하는 활동을 진행하면서, 학생들은 수학에 대한 흥미와 호기심을 발휘할 수 있습니다.

2) 망고보드

대부분의 학교에서 수학 수행평가에 자주 등장하는 과제 제목이 '수학 포스터', '수학 만화', '수학 포트폴리오' 등인데, 배운 수학 내용을 토대로 실제 일상생활에서 사용하는 포스터, 만화, 배너, 포트폴리오 등의 방법으로 나타내는 과제입니다. 학생들은 이와 같은 작업을 하기 위해 필요한 도구인 펜, 색연필, 물감, 네임펜, 유성펜 등을 가지고 오랜 시간에 걸쳐서 구상하고 완성하게 됩니다. 하지만 시간이 많이 걸리고, 누가 만들어 놓은 툴을 사용할 수도 없습니다. 이와 같은 문제를 말끔하게 해결해 주는 것이 망고보드입니다. 학생들이 백지인 상태에서 포스터나 광고 배너 형식으로 제작한다는 것은 결코 쉬운 일이 아닙니다. 이런 불가능을 가능하게 만들어 주는 것이 바로 망고보드입니다.

3) 알타미라 동굴의 벽화(cueva de Altamira)

수학은 글자 외에도 숫자, 기호, 문자 등으로 개념을 정의하기도 하고, 서술합니다. 이런 데이터(자료)를 눈으로 쉽게 확인하는 시각화는 오래 전 알타미라 동굴의 벽화에서도 확인됩니다. 오래 전 수렵활동을 한 인류는 사냥감인 말, 사슴, 돼지 등을 동굴 벽화에 그렸습니다. 이와 같은 인포그래픽은, 정보를 그래픽 기반으로 전달하면 사람의 인지 시스템에 쉽고 빠르게 전달된다는 것에서 출발합니다. 사람의 인지적 뇌 구조는 글자나 숫자보다 그림 우위 효과를 가지고 있기 때문에 인포그래픽을 통해 직관적으로 정보를 전달할 수 있습니다. 수학 교과 뿐만 아니라 다른 교과에서도 학생들이 배운 내용에 대해 다양한 방법으로 정리하는 인포그래픽은 수업에 대한 흥미 유발, 정보습득 시간 절감, 기억지속 시간 연장 등에 기여합니다.

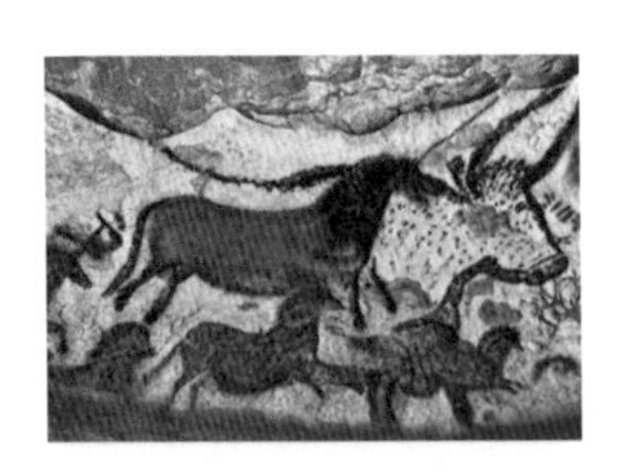	
알타미라 동굴 벽화(1)	알타미라 동굴 벽화(2)

4) 활동

학습이 끝나고 중단원, 대단원 등을 정리하고자 할 때 유용하게 사용할 수 있는 도구가 망고보드입니다. 학생들이 학습한 내용에 대해 디자인을 사용하여 나만의 카드뉴스, 인포그래픽, 프레젠테이션, 포스터, 배너 등으로 제작할 수 있습니다. 교사는 학생들이 배운 내용에 대해 어떤 템플릿을 선택하고 수정, 변형하여 목적에 맞게 사용할 수 있도록 안내합니다. 학생들이 제작한 작품은 온라인 자료 공유 플랫폼인 패들렛에 올리도록 지도합니다.

5) 저자 생각

학생들이 사용하는 망고보드는 1회성으로 끝나는 디자인 활용 도구가 아닙니다. 학생이 학교에서 이뤄지는 다양한 교내 공모전에 망고보드를 활용해서 포스터를 만들어 제출할 수도 있습니다. 학생이 학급자치회나 학생자치회 회장, 부회장 등에 출마할 경우, 후보 포스터 제작에도 유용하게 사용됩니다. 톡톡 튀는 아이디어는 학생이 교내 자율동아리 활동이나 학예전시회 등의 활동을 하는 데 있어서 다른 사람들에게 홍보하는 포스터 제작에도 활용됩니다. 학생이 SNS 활동을 하는 경우에는 더욱 훌륭하게 사용할 수 있습니다. 이처럼 다양한 분야에서 활용 가능한 망고보드는 수학 수행평가로 '수학 포스터', '수학 인포그래픽' 등을 제작할 경우, 짧은 시간 내에 멋진 작품을 만들 수 있게 해 줍니다. 그동안은 수학 시간에 단원이 종료되면, "얘들아, 이번주 배운 내용에 대해 종이 위에 요약 · 정리해 봐." 등으로 형식적인 과제를 부여하고 밋밋한 수학 수업을 하였습니다. 이런 메마른 활동의 누적으로 인해 학생들은 수학을 배우는 의미와 목적을 상실하고, 많은 학생들이 수학을 포기하게 되었습니다. 앞으로의 수학 교과 수업은 다양한 디지털 도구를 활용하여, 학생들 스스로가 만들어 가는 교육이어야 합니다.

수업 실제

1. 수업 목표

- 기본도형 개념 정리하기, 학습한 내용 스스로 점검하기
- 망고보드를 활용하여 제작한 작품을 패들렛에 탑재할 수 있다.

2. 차시별 수업 내용

	수업 내용
1	기본도형 개념 정리하기, 학습한 내용 스스로 점검하기
2	망고보드를 활용하여 제작한 작품을 패들렛에 탑재하기

3. 수업과 관련된 학습 내용

		평면에서 두 직선 ❶ 한 점에서 만난다. ❷ 평행하다. ❸ 일치한다.
직선, 반직선, 선분	맞꼭지각	평면에서의 위치 관계
공간에서 두 직선 ❶ 한 점에서 만난다. ❷ 일치한다. ❸ 평행하다. ❹ 꼬인 위치에 있다.	공간에서 직선과 평면 ❶ 포함된다. ❷ 한 점에서 만난다. ❸ 평행하다.	
공간에서 두 직선	공간에서 직선과 평면	동위각
	두 직선이 평행하면 동위각과 엇각의 크기는 각각 서로 같다.	동위각과 엇각의 크기가 각각 같으면 두 직선은 평행하다.
동위각, 엇각	서로 다른 직선이 한 직선과 만날 때	서로 다른 직선이 한 직선과 만날 때

(사진=비상 중1 수학 스마트교과서 캡처)

4. 교수-학습 과정안

<table>
<tr><th colspan="6">(수학)과 교수-학습과정안</th></tr>
<tr><td>단원</td><td colspan="5">Ⅳ. 기본도형 1. 기본도형</td></tr>
<tr><td>대상</td><td>중1</td><td>차시</td><td>1차시</td><td>디지털 도구</td><td>padlet 패들렛 : 작품 전시
망고보드 : 쉬운 디자인 플랫폼</td></tr>
<tr><td>수업 목표</td><td colspan="5">1. 개념 정리를 통해 중단원에서 학습한 내용을 스스로 점검할 수 있다.
2. 학습한 내용을 공학적 도구를 활용하여 자신만의 방법으로 표현할 수 있다.</td></tr>
</table>

<table>
<tr><th>단계</th><th>학습 요소</th><th>교수 · 학습활동</th><th>활용 도구</th></tr>
<tr><td rowspan="3">도입</td><td>학습 준비 안내</td><td>자리 배치 확인
교과서 및 활동지 준비
수업 분위기 조성</td><td></td></tr>
<tr><td>동기 유발</td><td>• 동영상 보여 주기
[공학적 도구] 망고보드
https://www.youtube.com/watch?v=dd6lYpniWw0&t=16s
망고보드 사용법
• 발문
오늘은 그동안 학습한 기본도형에 대해 내용 정리를 하며, 정리한 내용을 바탕으로 망고보드(디지털 도구)를 활용하여 나만의 개념 정리의 시간을 갖는다.
• 망고보드 사용가이드 </td><td>동영상 자료</td></tr>
<tr><td>학습 목표 제시</td><td>• 학습 목표를 다 함께 읽어 보도록 한다.
• 기본도형 개념 정리하기
• 패들렛, 망고보드 설명하기</td><td></td></tr>
</table>

<table>
<tr><th>단계</th><th>학습 요소</th><th>교수 · 학습활동</th><th>활용 도구</th></tr>
<tr><td rowspan="3">전개</td><td>개념 열기</td><td>● 개념 정리

• 직선, 반직선, 선분
(1) 직선 AB: $\overleftrightarrow{AB}$ A B
(2) 반직선 AB: $\overrightarrow{AB}$ A B
(3) 선분 AB: $\overline{AB}$ A B

• 직선, 반직선, 선분
$\angle a = \angle c$
$\angle b = \angle d$

• 위치 관계
평면에서 두 직선
❶ 한 점에서 만난다.
❷ 평행하다.
❸ 일치한다.
공간에서 두 직선
❶ 한 점에서 만난다.
❷ 일치한다.
❸ 평행하다.
❹ 꼬인 위치에 있다.
공간에서 직선과 평면
❶ 포함된다.
❷ 한 점에서 만난다.
❸ 평행하다.

• 동위각, 엇각
서로 다른 두 직선이 한 직선과 만날 때,
❶ 두 직선이 평행하면 동위각과 엇각의 크기는 각각 서로 같다.
❷ 동위각과 엇각의 크기가 각각 같으면 두 직선은 평행하다.</td><td></td></tr>
<tr><td>어플 소개</td><td>● 망고보드 소개
• https://www.mangoboard.net/MangoLook.do
• 망고보드 사용가이드
• 망고보드 제대로 사용하기
• 망고보드 사용법, 편하게 만들기</td><td>망고보드</td></tr>
<tr><td>망고보드 실습하기</td><td>● 망고보드 활용하여 실습해 보기
• https://hoy.kr/L9g52
• 망고보드 템플릿 : 사용처 선택하기
• 선택한 템플릿 편집하기
• 검색, 템플릿, 그래픽, 텍스트, 배경, 챠트 · 지도 · 표, 이미지 · 폰트올리기, 즐겨찾기 등의 메뉴 활용하기
• 저장 완료(파일, 다운로드, 공유)</td><td>망고보드</td></tr>
</table>

단계	학습 요소	교수 · 학습활동	활용 도구
전개	망고보드를 활용하여 학습 내용 제작하기	● **개별 학습 및 협력 학습** • 학습한 기본도형에 대해서 망고보드를 활용하여 제작하기 • 교사는 빔을 통해 보여지는 화면을 통해 학생들이 따라할 수 있도록 배려한다. • 질문하는 학생은 짝꿍 학생, 미션완료 학생이 도우미로 활동하며, 교사는 순회하면서 도움을 준다. • 주어진 과제를 완성한 학생은 '다운로드' 메뉴를 눌러 필요한 형태로 저장하여 패들렛에 탑재한다. ● **패들렛에 탑재하기**	망고보드
	망고보드로 제작한 작품 패들렛에 탑재하기	● **패들렛에 탑재하기(학생 작품 예시)** 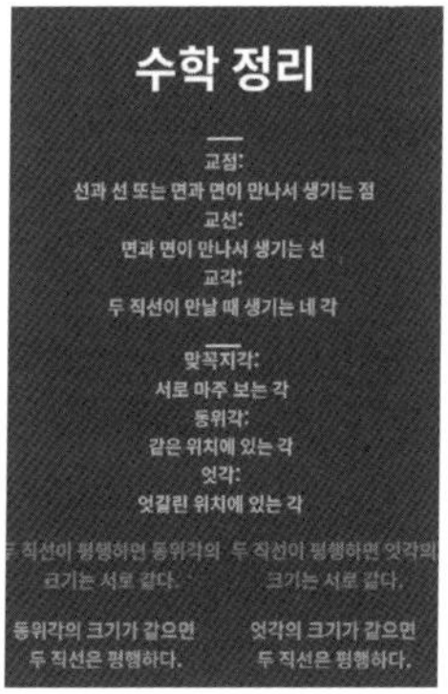 수학 정리 교점: 선과 선 또는 면과 면이 만나서 생기는 점 교선: 면과 면이 만나서 생기는 선 교각: 두 직선이 만날 때 생기는 네 각 맞꼭지각: 서로 마주 보는 각 동위각: 같은 위치에 있는 각 엇각: 엇갈린 위치에 있는 각 두 직선이 평행하면 동위각의 크기는 서로 같다. 두 직선이 평행하면 엇각의 크기는 서로 같다. 동위각의 크기가 같으면 두 직선은 평행하다. 엇각의 크기가 같으면 두 직선은 평행하다. ● **패들렛에 탑재하기(탑재된 학생들의 작품)**  점,선,면,각이란? 동위각과 엇각	패들렛 https://hoy.kr/Dd5cS

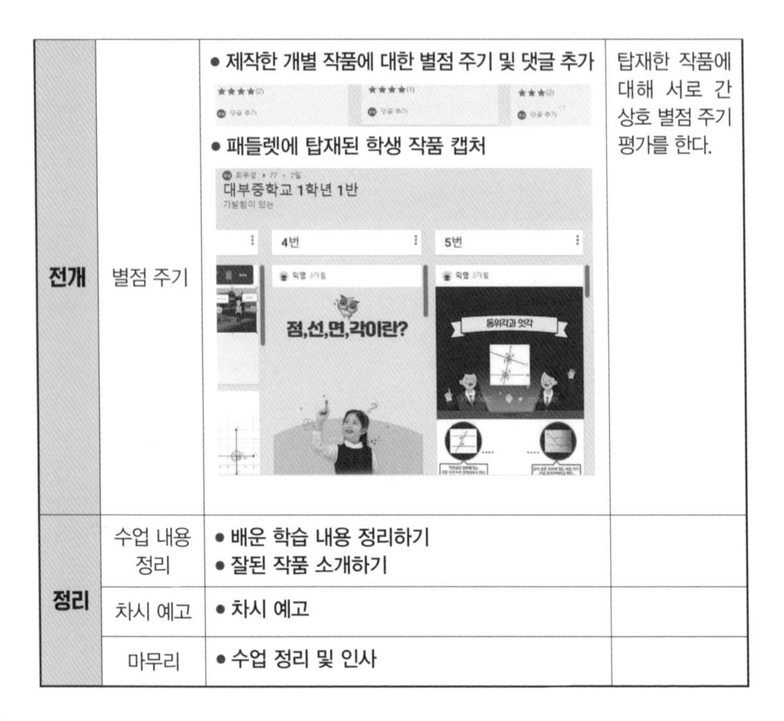

전개	별점 주기	● **제작한 개별 작품에 대한 별점 주기 및 댓글 추가** ● **패들렛에 탑재된 학생 작품 캡처**	탑재한 작품에 대해 서로 간 상호 별점 주기 평가를 한다.
정리	수업 내용 정리	● **배운 학습 내용 정리하기** ● **잘된 작품 소개하기**	
	차시 예고	● **차시 예고**	
	마무리	● **수업 정리 및 인사**	

5. 학생 활동지

_____ 학년 _____ 반 _____ 번 이름 ________________

1. 이 디지털 도구는 무엇인가요?

2. 망고보드(차트)를 활용하여 학급 통계를 만들어 주세요.(망고보드 화면 캡처 패들렛 탑재)

3. 망고보드를 활용하여 배운 내용을 카드 뉴스로 제작해 주세요.(망고보드 화면 캡처 패들렛 탑재)

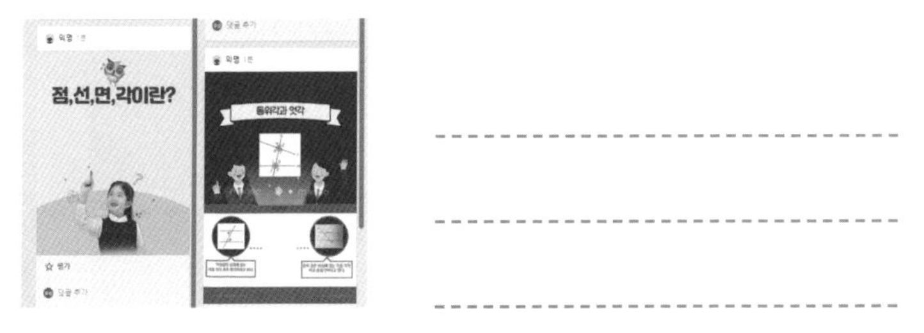

4. '망, 고, 보, 드' 4글자로 4행시를 완성해 주세요.

6. 프레젠테이션 자료

(망고보드 템플릿으로 디자인하기)

(알타미라 동굴의 벽화)

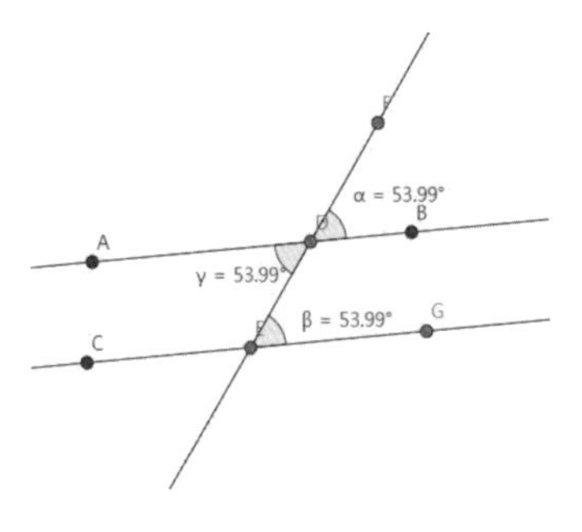

(동위각, 엇각)

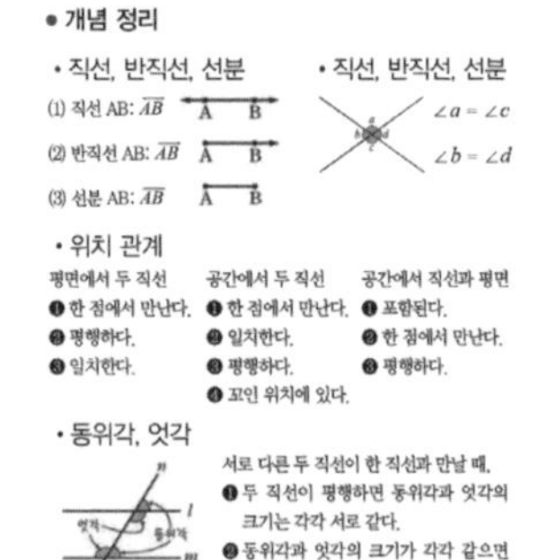

- 개념 정리
  - 직선, 반직선, 선분
    - (1) 직선 AB: $\overleftrightarrow{AB}$
    - (2) 반직선 AB: $\overrightarrow{AB}$
    - (3) 선분 AB: $\overline{AB}$
  - 직선, 반직선, 선분
    - $\angle a = \angle c$
    - $\angle b = \angle d$
  - 위치 관계

평면에서 두 직선	공간에서 두 직선	공간에서 직선과 평면
❶ 한 점에서 만난다.	❶ 한 점에서 만난다.	❶ 포함된다.
❷ 평행하다.	❷ 일치한다.	❷ 한 점에서 만난다.
❸ 일치한다.	❸ 평행하다.	❸ 평행하다.
	❹ 꼬인 위치에 있다.	

  - 동위각, 엇각

서로 다른 두 직선이 한 직선과 만날 때,
❶ 두 직선이 평행하면 동위각과 엇각의 크기는 각각 서로 같다.
❷ 동위각과 엇각의 크기가 각각 같으면 두 직선은 평행하다.

(사진=비상 중1 수학 스마트교과서 캡처)

(망고보드 사용가이드)

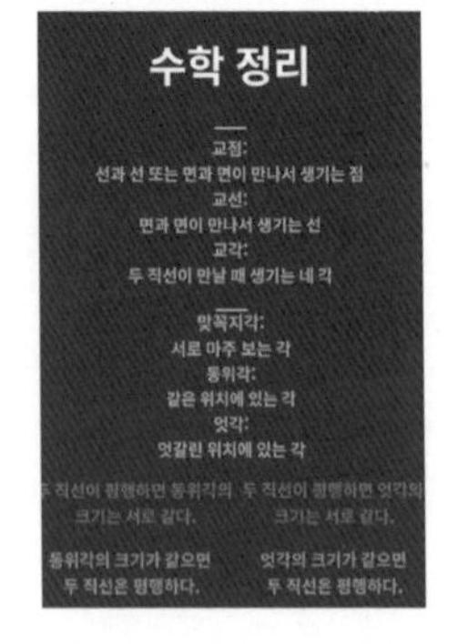

(패들렛에 탑재된 학생 작품)

7. 학생 결과물 예시

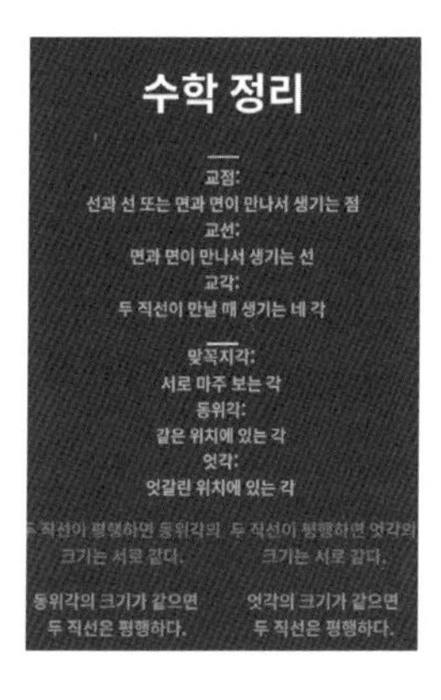
수학 정리
교점:
선과 선 또는 면과 면이 만나서 생기는 점
교선:
면과 면이 만나서 생기는 선
교각:
두 직선이 만날 때 생기는 네 각
맞꼭지각:
서로 마주 보는 각
동위각:
같은 위치에 있는 각
엇각:
엇갈린 위치에 있는 각
두 직선이 평행하면 동위각의 크기는 서로 같다.
두 직선이 평행하면 엇각의 크기는 서로 같다.
동위각의 크기가 같으면 두 직선은 평행하다.
엇각의 크기가 같으면 두 직선은 평행하다.

익명
점,선,면,각이란?
평가
댓글 추가

댓글 추가
익명
동위각과 엇각

조사한 학급 통계 만들기
안경쓴 사람 비율
40
Made with MANGOBOARD

조사한 학급 통계 만들기
월별 과목 선호도
41
28
32
30
55
60
3월
4월
5월
6월
7월
맞꼭지각의 크기는 서로 같다

지오지브라클래식을 활용하여 합동인 삼각형 작도하기(중1 삼각형의 합동)

개요

1. 주제

삼각형의 합동 한방에 끝내는 지오지브라클래식

2. 지오지브라클래식 소개

무료 온라인 앱 번들로, 그래프, 기하, 대수, 3차원, 통계, 확률 등 모든 것을 하나의 앱으로 구현 가능합니다. 일명, 온라인 수학 디지털 도구입니다. 기하, 대수, 스프레드시트, 그래프, 통계 및 미적분을 하나의 인터페이스에서 쉽게 다룰 수 있는, 모든 수준의 교육을 위한 무료 수학 소프트웨어입니다.

3. 지오지브라클래식에서 만나는 삼각형의 작도

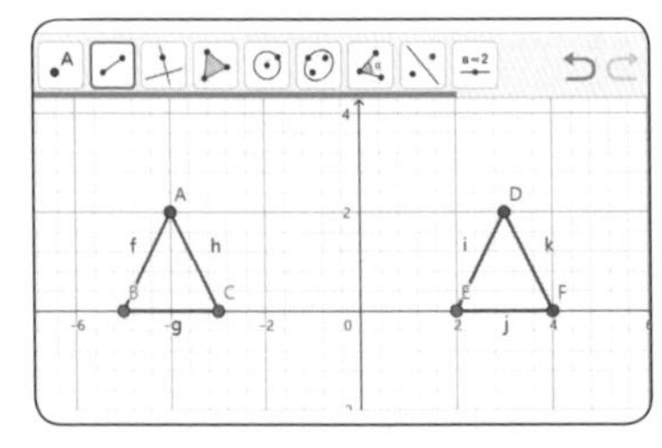

삼각형의 작도

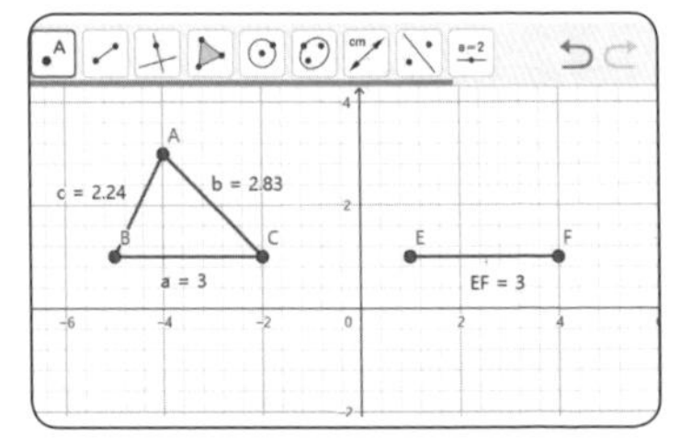

삼각형의 작도

1) 삼각형의 작도, 삼각형의 합동

삼각형은 꼭짓점, 변의 길이, 각의 크기로 구성됩니다. 삼각형의 작도를 위해서는 눈금없는자, 각도기, 컴퍼스가 필요합니다. 그런데 학생들이 정확한 삼각형을 작도하기는 힘들고, 많은 시간이 소요되기도 합니다. 이에 걸맞게 등장한 지오지브라클래식(디지털 도구)의 메뉴를 이용하면 모두가 쉽게 삼각형을 작도할 수 있습니다. 그리고 삼각형의 3가지 합동 조건에 따라 합동인 삼각형을 도구를 통해서 작도할 수 있습니다.

2) 지오지브라클래식

눈금없는자, 컴퍼스, 각도기 등을 이용하는 수학 수업에서 학생들이 정확한 길이,

각도, 원 등을 만들 수 없는 것을 알고 있습니다. 그에 따라 다양한 수학 소프트웨어 프로그램이 등장하고 있지만, 대부분 무료가 아닌 유료입니다. 지오지브라클래식은 다양한 부분에 있어서 참으로 유용한 디지털 도구입니다. 더구나 눈금없는자, 컴퍼스, 각도기 등을 자주 사용해야 하는 중학교의 경우, 학생이나 선생님들이 수학 수업용 교구를 챙겨 오고 나눠 주고 하는 과정 속에서 많은 시간을 낭비하게 됩니다. 물론 교과서의 내용을 종이 위에 작도하는 활동을 하는 것이 유쾌할 수도 있지만, 삐뚤삐뚤한 원, 정확하지 않은 각, 오차가 늘 발생하는 기본도형 그리기는 학생들이나 선생님들에게 큰 어려움으로 다가옵니다. 이와 같은 어려움을 한번에 해결하는 지오지브라클래식은 학생과 선생님 모두에게 수업의 만족을 선사합니다.

3) 지오지브라 개발자

지오지브라는 2002년 오스트리아 잘츠부르크의 마르쿠스 호헨바터에 의해 개발되었습니다. 그는 자신의 석사 논문 주제에서 다양한 기능이 결합된 소프트웨어를 구현하였습니다. 2002년 인터넷을 통해 지오지브라를 공개하였고, 오스트리아와 독일의 수학 교사들은 지오지브라를 수학 수업에 활용하기 시작했습니다. 2006년 이후로 지오지브라의 개발은 미국의 플로리다 아틀란틱 대학에서 계속되었으며, 그곳에서 마르쿠스 호헨바터 박사는 미국 과학 재단의 지원하에 교사 연수 프로그램을 진행하였습니다. 현재는 중등 수학 교사이며 지오지브라 개발 총책임자인 마이클 볼셔즈 외 50여 명 이상으로 이루어진 다국적 자원자로 구성된 개발팀이 지오지브라의 개발을 지속하고 있습니다.

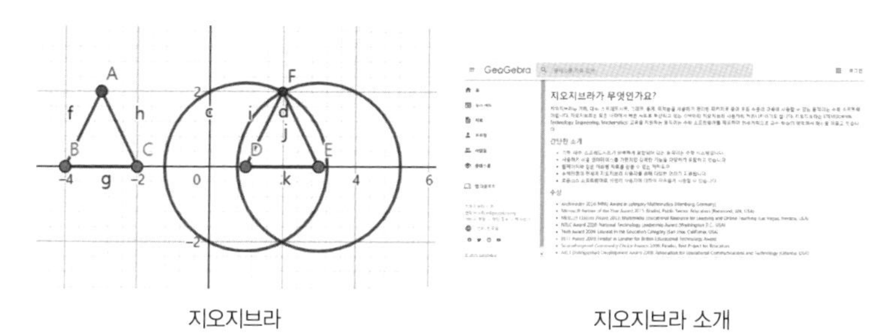

지오지브라 지오지브라 소개

4) 활동

지오지브라 디지털 도구는 수학을 어려워하는 학생들과 지도하는 교사들에게 유용한 도구로, 수학 학습에 도움이 되고자 개발한 것입니다. 누구나 따라할 수 있는 도구입니다. 눈금없는자, 각도기, 컴퍼스가 없어도 훌륭하게 주어진 도형을 작도하고 확인할 수 있습니다. 또한 배운 내용을 토대로 창의적인 방법으로 다양한 도형을 표현할 수도 있습니다.

5) 저자 생각

지오지브라(클래식)는 수학 수업에 있어서 거의 혁명적인 존재입니다. 이렇게 훌륭한 디지털 도구가 전세계에 무료로 배포된 소프트웨어인지 반문해 볼 정도입니다. 학생들은 교과서에 있는 다양한 수학적 내용을 지오지브라클래식을 이용하여 시각적으로 손쉽게 표현할 수 있습니다. 복잡한 계산부터, 다양한 함수 그래프까지 '뚝딱'하고 나오도록 해줍니다. 그래서 수학 수업이 학생이 주도하는 활동적인 수업으로 변모할 수 있습니다. 수업이 재미있으니 모든 학생들이 전부 따라옵니다. 단 1명의 낙오자도 발생하지 않습니다. 학생들이 수학을 즐겁고, 재밌게 배울수록 자신의 삶을 살아가는 방법을 좀 더 빨리 터득할 수 있을 것입니다.

수업 실제

1. 수업 목표

- 삼각형의 합동 조건을 알 수 있다.
- 지오지브라클래식을 활용하여 합동인 삼각형을 작도하여 패들렛에 탑재할 수 있다.

2. 차시별 수업 내용

	수업 내용
1	나폴레옹과 라인강의 폭, 삼각형의 합동, 대응 이해하기
2	지오지브라클래식을 활용하여 합동인 삼각형을 작도하여 패들렛에 탑재하기

3. 수업과 관련된 학습 내용

나폴레옹 (출처: 위키백과)	라인강의 폭 (출처: 구글어스)	라인강 폭 (출처: 세미의 수학상식툰)
삼각형의 합동 조건	삼각형의 합동 조건	삼각형의 합동 조건
• 삼각형의 합동 조건 ❶을 SSS 합동 ❷를 SAS 합동 ❸을 ASA 합동 이라고 한다. 이때 S는 $Side$(변), A는 $Angle$(각)의 머리글자이다.	한 도형을 모양과 크기를 바꾸지 않고 다른 도형에 완전히 포갤 수 있을 때, 이 두 도형을 서로 합동이라고 한다.	합동인 두 도형에서 서로 포개어지는 꼭짓점, 변, 각은 서로 대응한다고 한다.
삼각형의 합동 조건	도형의 합동	대응

(사진=비상 중1 수학 스마트교과서 캡처)

4. 교수-학습 과정안

<table>
<tr><th colspan="6">(수학)과 교수-학습과정안</th></tr>
<tr><td>단원</td><td colspan="5">Ⅳ. 기본도형 2. 삼각형의 합동</td></tr>
<tr><td>대상</td><td>중1</td><td>차시</td><td>1~2차시</td><td>디지털 도구</td><td>구글 어스 : 정교한 지구본
padlet 패들렛 : 작품 전시
지오지브라클래식 : 공학적 도구</td></tr>
<tr><td>수업 목표</td><td colspan="5">1. 삼각형의 합동 조건을 알 수 있다.
2. 공학적 도구를 이용하여 합동인 삼각형을 작도할 수 있다.</td></tr>
<tr><td>단계</td><td>학습 요소</td><td colspan="3">교수 · 학습활동</td><td>활용 도구</td></tr>
<tr><td rowspan="3">도입</td><td>학습 준비 안내</td><td colspan="3">자리 배치 확인
교과서 및 활동지 준비
수업 분위기 조성</td><td></td></tr>
<tr><td>동기 유발</td><td colspan="3">● 전 시간 학습 내용을 질문하고 설명하기
● 오늘 배울 내용에 대해 공학적 도구인 지오지브라클래식 프로그램을 활용하여 작도하는 활동을 진행함을 학생에게 알림.
● 나폴레옹과 라인강의 폭 만화 보기
· https://hoy.kr/NwQVD
· 나폴레옹의 승리와 수학
· 나폴레옹이 독일을 공격할 때 라인강의 폭을 알 수 없어서 강 건너에 있는 적군에게 대포를 명중시킬 수 없었다. 이에 나폴레옹은 어떠한 방법으로 라인강의 폭을 알아내었는지 확인한다.
● 라인강의 폭을 구글어스로 확인해 보기
· https://earth.google.com/web/</td><td>지오지브라클래식

나폴레옹과 라인강

구글어스</td></tr>
<tr><td>학습 목표 제시</td><td colspan="3">● 학습 목표를 다 함께 읽어 보도록 한다.
· 삼각형의 합동 조건 이해하기
· 공학적 도구를 이용하여 합동인 삼각형 작도하기</td><td></td></tr>
</table>

단계	학습 요소	교수 · 학습활동	활용 도구
전개	개념 학습	● **삼각형의 작도** • 세 변의 길이를 알면 삼각형이 하나로 작도되므로 공학적 도구인 지오지브라클래식을 통해서 작도된 두 삼각형을 직관적으로 보여 준다. 학생들은 각각의 삼각형은 주어진 삼각형과 합동이 됨을 알 수 있다. 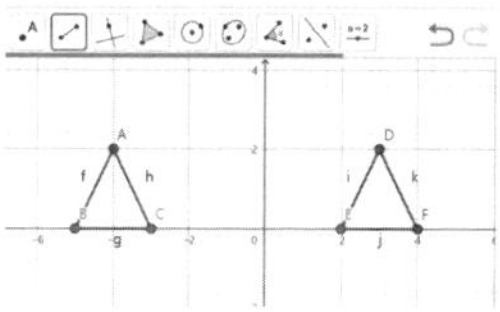 ● **합동** • 한 도형을 모양과 크기를 바꾸지 않고 다른 도형에 완전히 포갤 수 있을 때, 이 두 도형을 서로 합동이라고 한다. • 합동인 두 도형에서 서로 포개어지는 꼭짓점과 꼭짓점, 변과 변, 각과 각은 서로 대응한다고 한다. • 서로 합동인 두 도형은 대응변의 길이와 대응각의 크기가 각각 같다.	지오지브라 클래식 주어진 삼각형과 합동이 되는 것을 학생들에게 직관적으로 공학적 도구인 지오지브라 클래식을 활용하여 보여 준다.
	어플 소개	● **지오지브라 소개** • https://www.geogebra.org/classic • 지오지브라 메뉴 사용법 소개하기 • 학습한 내용에 대해 작도하는 방법 설명하기 • 모든 메뉴 눌러서 확인하면서 도움말 찾아보기	지오지브라 클래식
	지오지브라 실습하기	● **공학적 도구를 이용하여 합동인 삼각형을 작도해 보기** • 세 변의 길이를 알 때 삼각형을 작도하기 • 삼각형 ABC를 그린 후 변 BC를 선택 복사하여 선분 EF를 그린다. 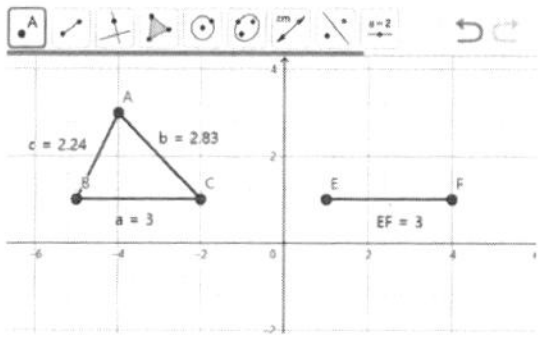	지오지브라 클래식

단계	학습 요소	교수 · 학습활동	활용 도구
전개	지오지브라 실습하기	• 도구상자에서 컴퍼스를 선택하고 변 AB를 누른 후 점 E를 눌러 원을 그린다. • 똑같은 방법으로 변 AC를 누른 후 점 F를 눌러 원을 그린다. 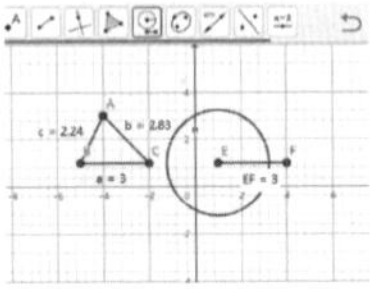 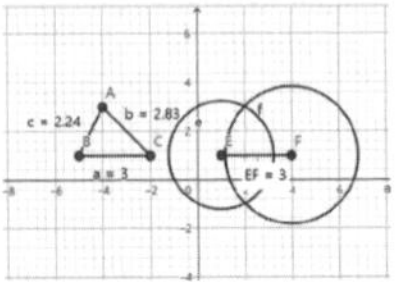 • 두 원의 교점 중 하나를 점 D라고 하고, 도구상자에서 선분을 선택하여 선분 DE와 선분 DF를 그린다. • 똑같은 방법으로 변 AC를 누른 후 점 F를 눌러 원을 그린다. 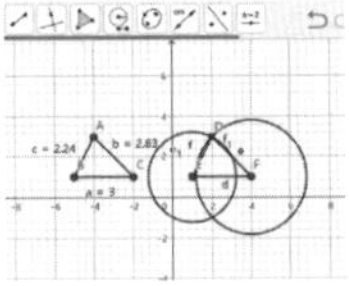 • 도구상자의 거리 또는 길이를 선택하여 변 AB, BC, CA를 누른 후 길이를 확인하고, 변 DE, EF, FD의 길이와 같은지 비교한다. 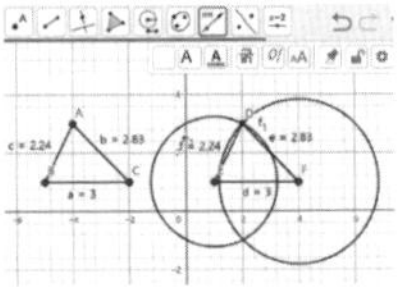	지오지브라 클래식
	별점 주기	• 제작한 개별 작품에 대한 별점 주기 및 댓글 추가  • 탑재한 작품에 대해 서로 간 상호 별점 주기 평가를 한다.	패들렛
정리	수업 내용 정리	• 배운 학습 내용 정리하기 • 작도한 도형 잘된 작품 소개하기	
	차시 예고	• 차시 예고	
	마무리	• 수업 정리 및 인사	

5. 학생 활동지

_____ 학년 _____ 반 _____ 번 이름 ____________________

1. 이 디지털 도구는 무엇인가요?

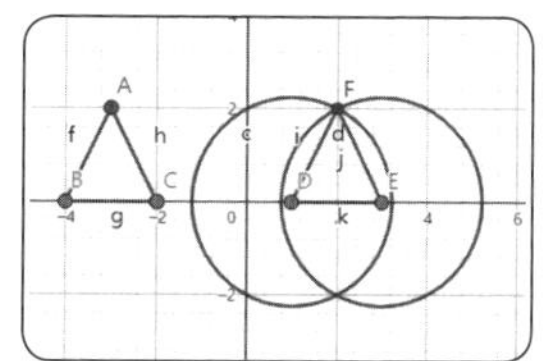

2. 공학적 도구인 지오지브라클래식을 이용하여 △ABC 하나를 그린 후, 그 삼각형의 두 변의 길이와 그 끼인각의 크기를 이용하여 합동인 삼각형을 작도하여 주세요.(지오지브라 화면 캡처 패들렛 탑재)

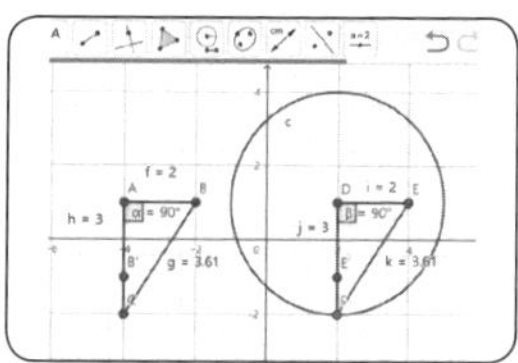

3. 공학적 도구인 지오지브라클래식을 이용하여 △ABC 하나를 그린 후, 그 삼각형의 한 변의 길이와 그 양 끝 각의 크기를 이용하여 합동인 삼각형을 작도하여 주세요.(지오지브라 화면 캡처 패들렛 탑재)

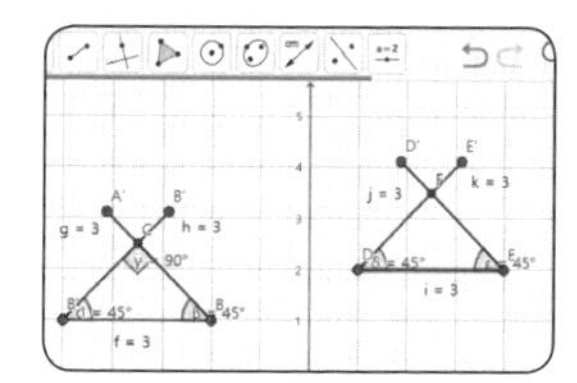

4. 나폴레옹이 라인강의 폭을 알기 위해 사용한 방법을 설명해 주세요.

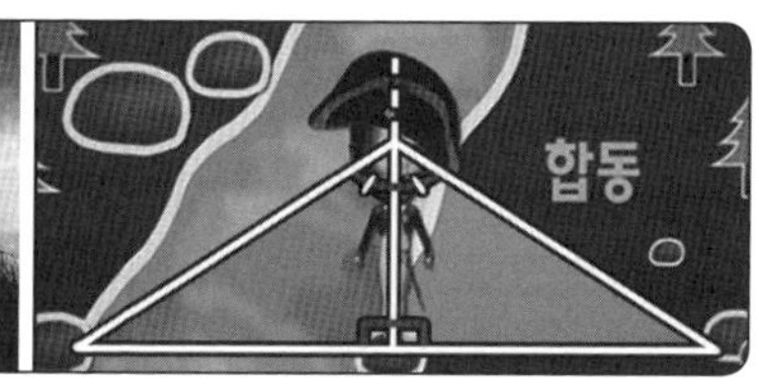

5. '지, 오, 지, 브, 라' 5글자로 5행시를 완성해 주세요.

6. 프레젠테이션 자료

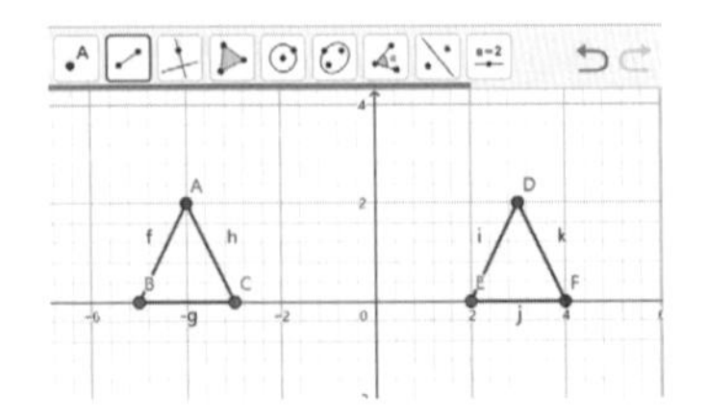

(삼각형의 작도)

(지오지브라클래식)

나폴레옹(출처: 위키백과)

라인강 폭(출처: 세미의 수학상식툰)

- 삼각형의 합동 조건

  ❶을 *SSS* 합동
  ❷를 *SAS* 합동
  ❸을 *ASA* 합동
  이라고 한다. 이때 *S*는 *Side*(변), A는 *Angle*(각)의 머리글자이다.

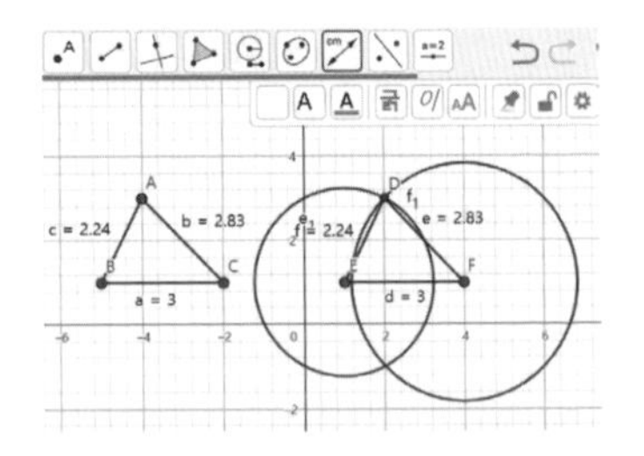

(사진=비상 중1 수학 스마트교과서 캡처)

(지오지브라클래식 실습하기)

7. 학생 결과물 예시

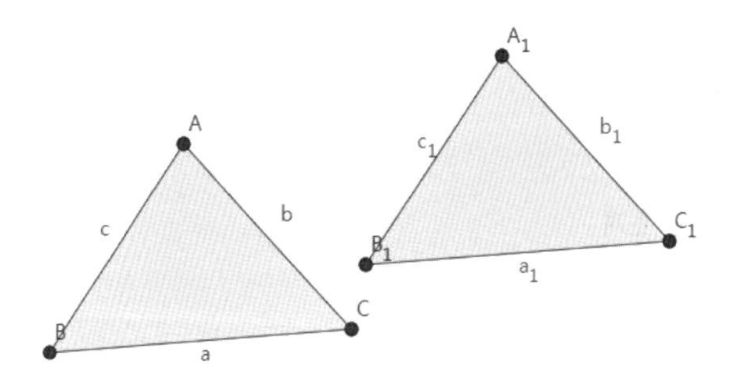

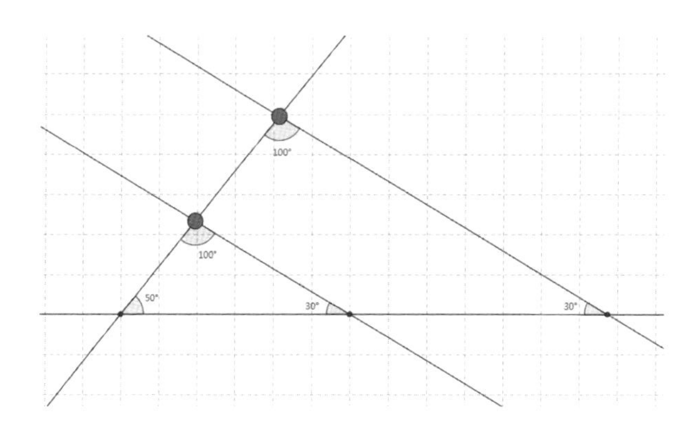

PART 5

마인드멥을 이용하여 배운 내용 마인드맵으로 표현하기(고1 집합)

개요

1. 주제

생각하고 지도로 정리하는 마인드멥

2. 마인드멥 소개

배운 내용을 정리하고 싶을 때, 머릿속의 생각을 구조화하여 정리하고 싶을 때 사용할 수 있는 것이 바로 마인드맵입니다. '생각의 지도'란 뜻으로, 자신의 생각을 지도 그리듯 이미지화해서 사고력, 창의력, 기억력을 한 단계 높이는 두뇌 개발 기법입니다. 이를 쉽게 만들 수 있는 디지털 도구가 바로 마인드멥입니다.

3. 마인드멥으로 학습 내용 디자인하기

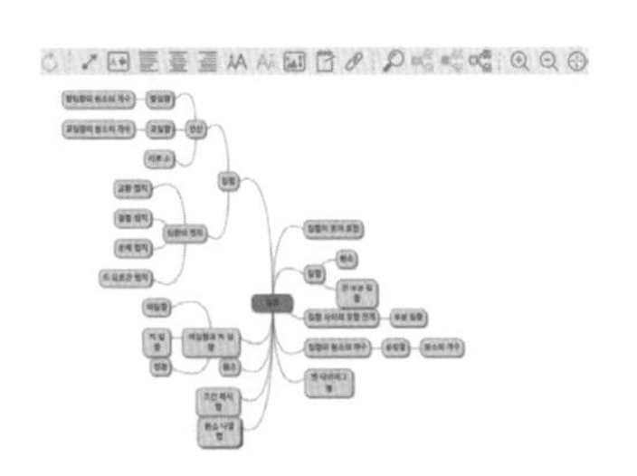
마인드멥으로 디자인하기

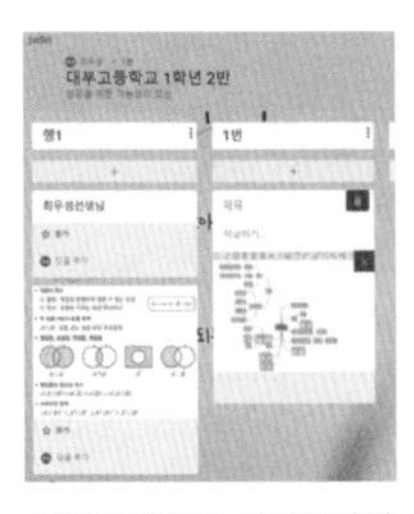

마인드멥으로 디자인하기

1) 수학 수행평가의 대명사, 마인드맵

수학을 지도하는 전국의 수학 교사들은 학생들에게 내 줄 수학 수행평가로 거의 대부분 '마인드맵'을 첫 번째로 생각합니다. 마인드맵은 A4 종이 한 장과 필기도구만 있으면 얼마든지 쉽고 빠르게 만들 수 있기 때문입니다. 일부 학교는 교내 공모전으로 수학 마인드맵 경연대회를 주최하기도 합니다.

2) 똑똑한 마인드멥

그동안 학생들에게 수업 시간에 종이 한 장 주고, "지금부터 배운 내용에 대해 자신만의 마인드맵을 만들어 주세요. 수행평가에 반영됩니다."라고 하였습니다. 이렇게 학습한 내용에 대한 정리의 개념으로 사용되었던 마인드맵이 디지털 도구로 존재합니다. 바로 '마인드멉'입니다. 수학 수업 시간에 배운 내용을 정리하는 방법으로 다양한 디지털 도구를 사용할 수 있습니다. 수업 시작 전이나 수업이 끝난 후에 간단한 퀴즈를 통해 자극과 긴장감을 주는 '카훗'도 있는데, 수학 마인드맵은 배운 단원에 대한 내용들을 꼬리를 이어 정리하는 것을 말합니다. 수학 전체를 놓고 마인드맵을 하게 되면 범위가 넓어지므로, 각 단원별로 마인드맵을 만드는 것이 중요합니다.

3) 수학 마인드맵 대회

학교에서 수학 수행평가나 과제물로 많이 이용되는 것이 마인드맵입니다. 더 나아가 학교 자체 교내시상 계획에 의거하여 수학 마인드맵 대회를 개최하여도 좋습니다. 학생들이 수업 시간에 배운 교과 내용을 마인드맵으로 작성함으로써 지식을 구조화하고, 수학 교과에 대한 흥미와 관심을 유발할 수 있습니다. 일과 시간 이후 교실이나 컴퓨터실에서 진행할 수 있습니다. 교실에서 진행하는 경우에는 종이를 제공하며, 컴퓨터실에서 진행하는 경우에는 마인드멉 도구를 사용하도록 합니다. 대회 참가 대상은 전교생 중 희망자로 하며, 학생들이 교과서를 지참하게 합니다. 교실에서 진행할 때는 채색을 위한 필기도구, 자를 지참하도록 합니다. 대회 유의사항으로 수업 시간에 배운 대단원 중 1개의 단원을 선택하여 단원별 내용을 재구성하여 배열하는 것을 제시합니다. 대회 참가자는 시간을 엄수해야 하며, 시험 시작 시간이 지나면 입실할 수 없습니다.

제목 2018학년도 수학마인드맵대회 개최 안내

교내 수학마인드맵대회 관련 공지사항입니다.

가. 제작방법: 제공되는 종이(용지)에 교과 관련 내용을 마인드맵으로 구성
나. 일시: 2018. 7.9.(월) 18:40~20:20
다. 장소: 수학교과교실2
라. 대상: 전교생 중 희망자
마. 준비물: 교과서(참고서는 허용하지 않음), 채색을 위한 필기도구, 자

첨부파일 2018학년도 수학마인드맵대회 개최요강.hwp 미리보기

수학 마인드맵 대회

심사 항목 및 기준		만점
1	표현된 교과 내용의 양	25점
2	교과 지식의 정확성	25점
3	표현의 창의성	25점
4	심미성	25점
합계		100점

수학 마인드맵 대회 심사 항목 및 기준

(사진 출처: 신탄진고등학교)

4) 활동

학습이 끝나고 대단원이나 중단원을 정리하고자 할 때 유용한 정리 도구가 바로 '마인드멉'입니다. 학생 스스로 배운 내용을 정리할 수 있습니다. 또한 언제든지 수정하고 공유할 수도 있습니다. 학습한 내용에 대한 지식의 구조화에 유리하며, 머릿속으로 정리할 수 있어 복습으로 안성맞춤입니다.

5) 저자 생각

수학 시간에 배운 내용을 자신만의 방식대로 정리하는 습관은 수학 학습에 있어서 대단히 중요한 부분입니다. 마인드맵을 이용하여 학생들이 스스로 생각하고 단원을 정리하는 방식은 수학에 성공하는 지름길이기도 합니다. 대부분의 학교에서 교내 경시대회로 수학 마인드맵 대회를 개최하거나, 수학 수행평가의 항목으로 진행합니다. 이렇게 수학에서 마인드맵의 중요성은 익히 알려진 사실이지만, 그럼에도 불구하고 배운 내용에 대한 평가의 잣대로만 주로 사용되어졌습니다. 마인드맵은 한번 만든 맵을 수정하거나 공유하는 것이 불편하다는 단점이 있었습니다. 이와 같은 불편함을 말끔히 없애주는 디지털 도구가 바로 마인드멉입니다.

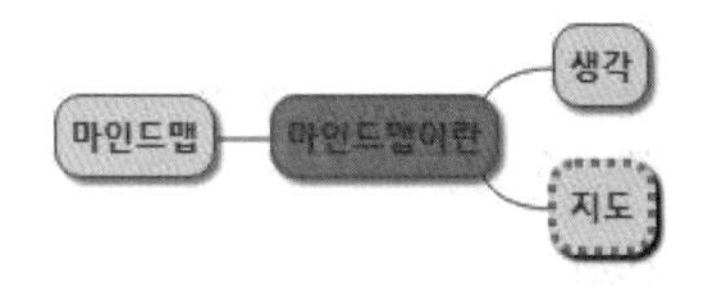

노드를 삽입하여 쉽게 만드는 마인드멉

마인드멉의 메뉴

수업 실제

1. 수업 목표

- '집합' 단원 스스로 점검하기, '카훗' 디지털 도구 활용하여 퀴즈 풀기
- 마인드멉을 활용하여 중단원(집합)에 대해 마인드맵으로 표현하고 패들렛에 탑재하기

2. 차시별 수업 내용

	수업 내용
1	'집합' 단원 스스로 점검하기, '카훗' 디지털 도구 활용하여 퀴즈 풀기
2	마인드멉을 활용하여 중단원(집합)에 대해 마인드맵으로 표현하고 패들렛에 탑재하기

3. 수업과 관련된 학습 내용

마인드멉	수학 마인드맵 대회	쉽게 제작 가능한 마인드멉
마인드멉 메뉴	카훗을 활용한 퀴즈	카훗을 활용한 퀴즈
집합 단원(출처: 비상교과서)	마인드멉을 활용한 마인드맵	패들렛에 탑재된 모습

(사진=비상 중1 수학 스마트교과서 캡처)

4. 교수-학습 과정안

<table>
<tr><th colspan="6">(수학)과 교수-학습과정안</th></tr>
<tr><td>단원</td><td colspan="5">Ⅳ. 집합과 명제 1. 집합</td></tr>
<tr><td>대상</td><td>고1</td><td>차시</td><td>1차시</td><td>디지털 도구</td><td>kahoot : 공유 및 실행
마인드멉 : 마인드맵 제작</td></tr>
<tr><td>수업 목표</td><td colspan="5">1. 학습한 집합 내용을 스스로 점검할 수 있다.
2. 카훗 도구를 이용하여 집합에 대해 이해하고 개념을 확인할 수 있다.
3. 마인드멉 도구를 이용하여 중단원 '집합'에 대해 마인드맵으로 표현할 수 있다.</td></tr>
<tr><td>단계</td><td>학습 요소</td><td colspan="3">교수 · 학습활동</td><td>활용 도구</td></tr>
<tr><td rowspan="2">도입</td><td>학습 준비 안내</td><td colspan="3">자리 배치 확인
교과서 및 활동지 준비
수업 분위기 조성</td><td></td></tr>
<tr><td>동기 유발</td><td colspan="3">• 카훗 도구를 활용하여 '집합' 개념 정리
집합에 관련된 카훗 퀴즈
kahoot.com
https://hoy.kr/XXbsa 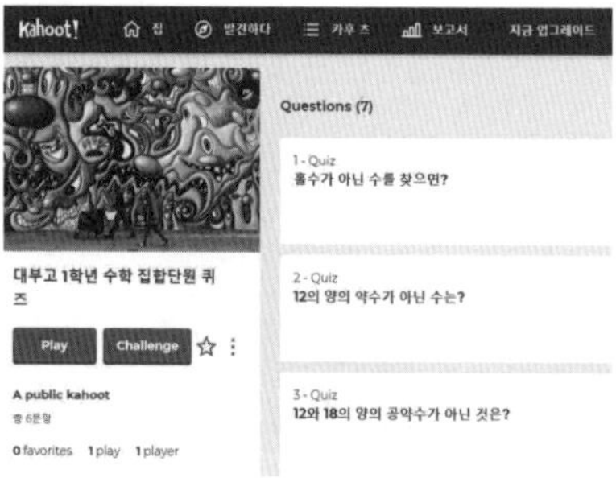

• 카훗 도구
• 학습 내용을 확인할 수 있도록 10문제 내외의 퀴즈로 준비한 내용을 컴퓨터실이나 교실에서 개인 스마트폰을 사용하여 퀴즈게임 실행 모드 선택–참가자 입장–핀번호 입력–퀴즈 게임 실행–학생 정답 클릭–정답자 수 확인–최대 5위까지 확인</td><td>동영상 자료
(뉴스 자료)

https://www.qr-code-generator.com 어플</td></tr>
</table>

단계	학습 요소	교수 · 학습활동	활용 도구
전개	학습 목표 제시	**• 학습 목표를 다 함께 읽어 보도록 한다.** • 중단원 학습 점검하기 • 카훗, 마인드멉 도구 설명하기	
	개념 열기	**• 중단원 학습 내용 확인하기** • 점, 선, 면 그리기 실험 영상 보기 • https://hoy.kr/Sbh40 • **집합과 원소** ① 집합: 대상을 분명하게 정할 수 있는 모임 ② 원소: 집합을 이루는 대상 하나하나 원소→$a \in A$←집합 • **두 집합 사이의 포함 관계** $A \subset B$: 집합 A는 집합 B의 부분집합 • **합집합, 교집합, 여집합, 차집합** $A \cup B$ $A \cap B$ A^C $A-B$ • **합집합의 원소의 개수** $n(A \cup B)=n(A)+n(B)-n(A \cap B)$ • **드모르간 법칙** $(A \cup B)^C=A^C \cap B^C$, $(A \cap B)^C=A^C \cup B^C$	정리 자료
	어플 소개 동영상 보기	**• 카훗 어플 소개 동영상 보기** • https://www.youtube.com/watch?v=07_bbCb49hQ • 카훗 어플의 사용 방법 익히기	동영상 자료 (유튜브)
	어플 소개	**• 마인드멉 어플 소개** • https://www.mindmup.com/ • 마인드멉 만들기 설명하기 • 3컷 학습 만화 또는 6컷 학습 만화 제작하는 것을 설명하기 • 제작한 학습 만화는 패들렛에 탑재하기 알려 주기	동영상 자료 (유튜브)
	마인드멉 실습하기	**• 마인드멉 어플 활용하여 실습해 보기** • 마인드멉을 실행하여 학습한 내용을 어떻게 구현할 것인지 구상하여 표현하기	마인드멉 어플

단계	학습 요소	교수 · 학습활동	활용 도구
전개	마인드멉을 활용하여 집합 단원 정리하기	**● 개별 학습** • 학습한 '집합' 단원에 대해 마인드멉 도구를 활용하여 자신만의 마인드맵으로 표현하기 • 주어진 마인드멉의 다양한 메뉴 기능을 활용하여 제작하기 **● 제작한 마인드맵 캡처 기능을 사용하여 패들렛에 올리기**	마인드멉 어플
	패들렛에 탑재된 학습 만화 상호 평점 주기	**● 마인드맵 캡처하여 패들렛에 탑재하기** • https://hoy.kr/Sbh4O  **● 패들렛에 마인드맵 탑재하기** 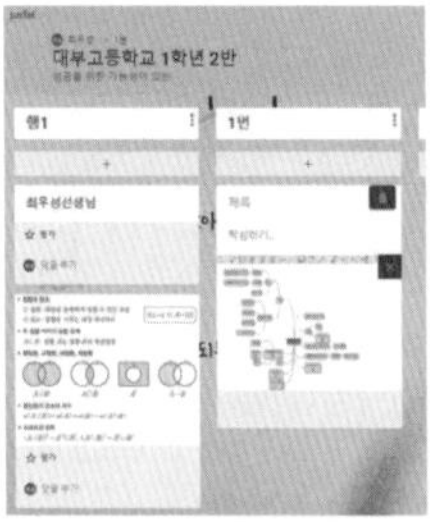 대부고등학교 1학년 2반 **● 제작한 개별 작품에 대한 평점 주기 및 댓글 추가** 	탑재 자료
정리	수업 내용 정리	**● 배운 학습 내용 정리하기** **● 제작한 마인드멉 잘된 작품 소개하기**	
	차시 예고	**● 차시 예고**	
	마무리	**● 수업 정리 및 인사**	

5. 학생 활동지

_____ 학년 _____ 반 _____ 번 이름 __________________

1. 이 디지털 도구는 무엇인가요?

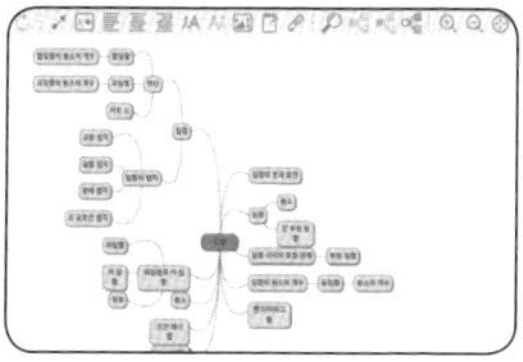

2. 마인드멉을 활용하여 '집합' 단원을 마인드맵으로 만들어 주세요.(패들렛에 탑재)

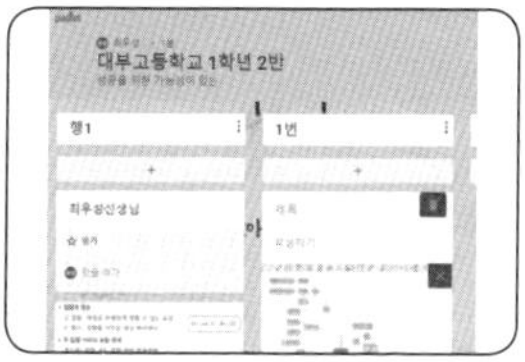

3. 집합이 되는 모임을 찾아 주시고, 이유를 설명해 주세요.

2보다 작은 자연수의 모임	축구를 잘하는 학생의 모임
큰 수의 모임	꼬리가 있는 동물의 모임

4. '마, 인, 드, 멉' 4글자로 4행시, '카, 훗' 2글자로 2행시를 만들어 주세요.

6. 프레젠테이션 자료

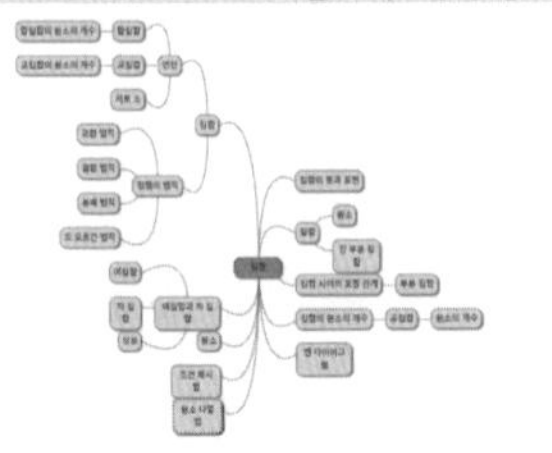

(마인드멉으로 디자인하기)

> **제목** 2018학년도 수학마인드맵대회 개최 안내
>
> 교내 수학마인드맵대회 관련 공지사항입니다.
>
> 가. 제작방법: 제공되는 종이(용지)에 교과 관련 내용을 마인드맵으로 구성
> 나. 일시: 2018. 7. 9.(월) 18:40~20:20
> 다. 장소: 수학교과교실2
> 라. 대상: 전교생 중 희망자
> 마. 준비물: 교과서(참고서는 허용하지 않음), 채색을 위한 필기도구, 자
>
> **첨부파일** 2018학년도 수학마인드맵대회 개최요강.hwp 미리보기

수학 마인드맵 대회(출처: 신탄진고)

(카훗을 활용한 퀴즈)

12의 양의 약수가 아닌 수는?

(카훗을 활용한 퀴즈)

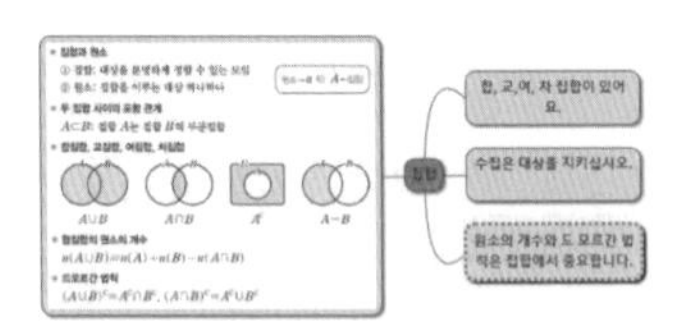

(마인드멉을 활용한 마인드맵)

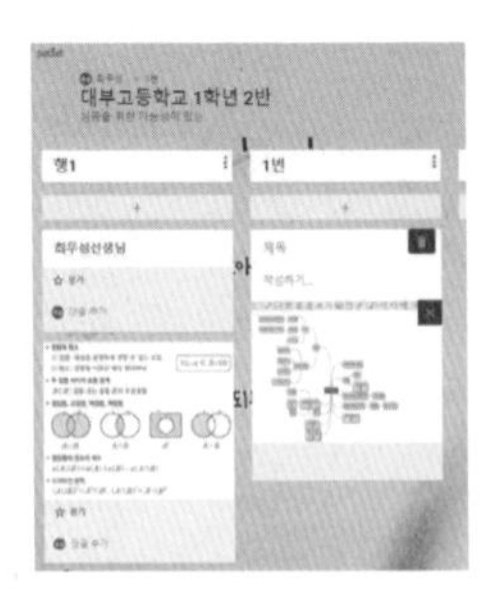

(패들렛에 탑재된 학생 작품)

7. 학생 결과물 예시

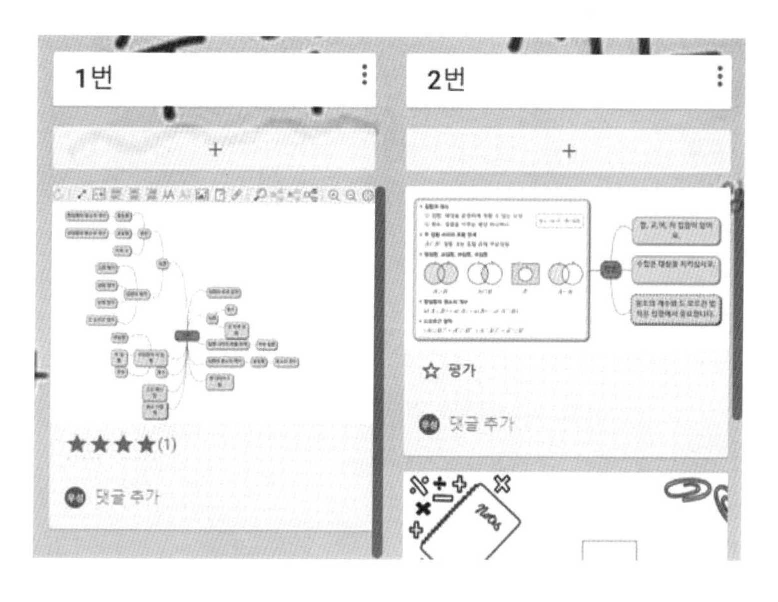
1번
2번
+
+
☆ 평가
댓글 추가
★★★★(1)
댓글 추가

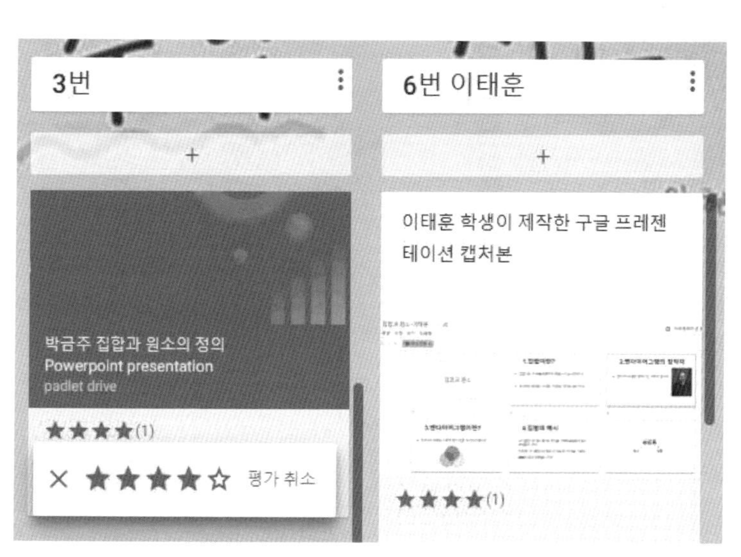
3번
6번 이태훈
+
+
박금주 집합과 원소의 정의
Powerpoint presentation
padlet drive
★★★★(1)
× ★★★★☆ 평가 취소
이태훈 학생이 제작한 구글 프레젠테이션 캡처본
★★★★(1)

크롬뮤직랩을 활용하여 나만의 작곡하기(중2 유리수와 순환소수)

개요

1. 주제

뮤직과 친해지는 가장 쉬운 방법, 구글 크롬뮤직랩

2. 구글 크롬뮤직랩 소개

음악과 가장 친해지는 방법입니다. 어려운 코드를 외우는 방식이 아니라 그냥 코드와 노는 방식입니다. 별거 아닌 서비스이지만, 하다 보면 집중이 되어 중독됩니다. 구글 크롬뮤직랩에는 음악과 친해지는 12가지 방법이 있습니다. 즐겁게 음악과 친해지고 멜로디와 리듬에 대한 개념을 가질 수 있습니다.

3. 구글 크롬뮤직랩으로 학습 내용 디자인하기

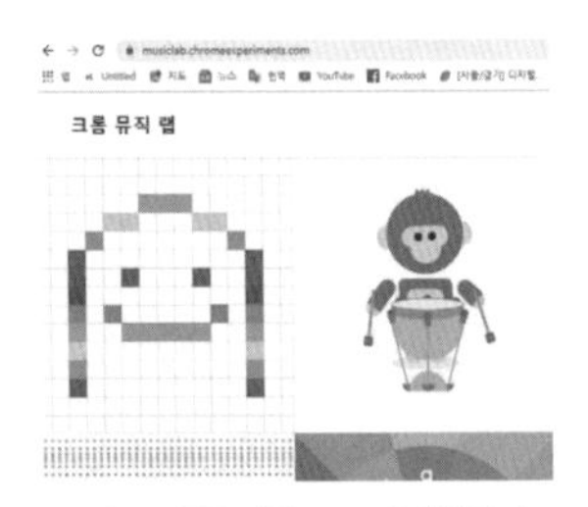

구글 크롬뮤직랩으로 디자인하기

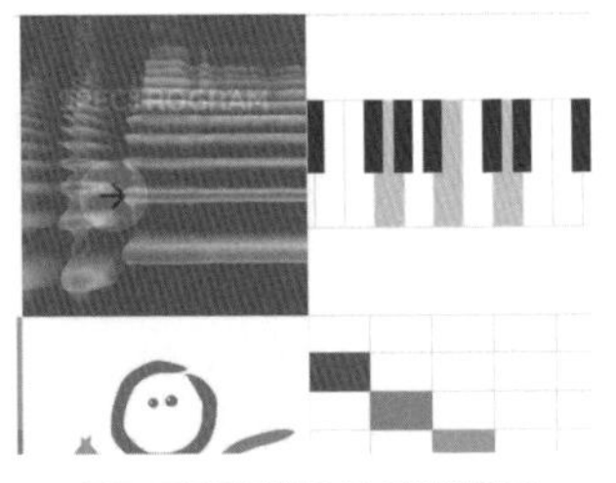

구글 크롬뮤직랩으로 디자인하기

1) 음악 속의 수학적 질서

음악의 아름다운 선율은 수학과 연관되어 있습니다. 19세기 영국의 수학자 실베스터는 '수학은 이성의 음악이고, 음악은 감성의 수학'이라고 했습니다. 소리의 높낮이는 진동수에 의해 결정됩니다. 그리스의 수학자 피타고라스는, 현의 길이를 1/2로 줄이면 진동수가 2배가 되면서 한 옥타브 높은 음이 난다는 것을 발견했습니다. 아름다운 음률을 만들기 위해선 일정한 규칙과 수학적 원리가 필요합니다.

2) 구글 크롬뮤직랩, 음악에 대한 흥미를 자극

수학의 규칙성과 불규칙성은, 어떻게 보면 음악으로 표현된다고 볼 수 있습니다. 일정한 리듬과 멜로디를 가지고 음악을 만드는 것은 바로 수학적 질서가 있다는 것입니다. 수학적 질서는 유리수와 순환소수 단원에서 찾을 수 있습니다. 순환소수의 소숫점 아래부터 일정한 순환마디가 존재하는 경우, 이는 규칙적으로 반복이 됩니다. 이 또한 음악에서 발견할 수 있습니다. 물론, 순환하지 않는 순환소수에서의 불규칙적인 요소도 음악에서 엄연히 존재합니다. 수업 시간에 배우는 수학이 음악과 관련이 된다는 사실만으로도 학생들은 구글 크롬뮤직랩에서 재미와 흥미를 느낄 수 있습니다.

3) 부부젤라, 무한 도돌이 속에서 엿보는 수학적 질서

축구 응원전에 쓰이는 '부부젤라'라는 악기가 있습니다. 다음의 간단한 악보 속에 부부젤라의 모든 특징이 있습니다. '부부젤라를 위한 소나타' 악보는 62마디로 이루어져 있는데, 악보에 표시되는 음표는 모두 '라'음으로 멜로디가 없는 특징을 가지고 있습니다. 악보를 보고 연주를 하면, 단조롭지만 흥미로운 점이 있습니다. 처음 네 마디 동안은 같은 음으로 불다가 다섯 번째 마디에 4박을 쉽니다. 그 다음은 '포르테(세게)' 표시만 되어 있고 약해지는 부분없이 끝까지 부는 것입니다. 6번째 마디와 61번째 마디에는 도돌이표가 있어 '뿌–뿌–뿌–뿌' 반복됩니다. 부부젤라는 시끄럽다, 매력있다 등의 다양한 반응이 있으며, 2010년 남아공월드컵 대표 아이콘으로 자리 잡았습니다.

부부젤라(출처: 아시아경제)

무한 도돌이표 부부젤라 소나타 악보

(사진 출처: 신탄진고등학교)

4) 활동

'유리수와 순환소수' 단원에 나오는 순환마디가 존재하는 순환소수는 일정한 규칙을 지니고 있습니다. 소숫점 아래에 일정한 순환마디가 있는 것인데, 이것이 바로 음악에서의 수학적 질서와 연관됩니다. 학생들이 자신만의 멜로디와 리듬을 제작하는 활동을 통해서 규칙과 불규칙성을 이해할 수 있습니다.

5) 저자 생각

수학 교과서에 존재하는 수학적 내용들을 그냥 개념에 대한 설명으로 그치는 것이 아니라, 이를 통해 우리가 생활하는 세상과 연관되도록 하는 것이 중요합니다. 그래서 수와 식에 내재된 질서를 이해하고 적용하는 활동은 참으로 중요합니다. 학생들이 수학 속에서 세상을 배우는 지혜를 터득하도록 교사는 다양한 활동을 전개해야 합니다. 음악은 멜로디와 리듬의 자연스런 흐름 속에서 아름다움을 추구하는 예술입니다. 일정한 코드를 암기하여 음악을 이해하려는 의도는 음악을 더욱 어렵게 만듭니다. 외우지 않고 자신만의 음악을 만들고 연주할 수 있는 앱이 있는데, 그것이 바로 '구글 크롬 뮤직랩'입니다. 구글 크롬뮤직랩의 12가지 방법을 체험하다 보면, 음악 속에 숨겨진 수학적 질서를 발견하게 됩니다. "수학은 딱딱하고 어렵고 포기해야 된다.", "과연 음악과 통할까?"라는 의구심을 과감히 깨트려 주는 것이 필요합니다.

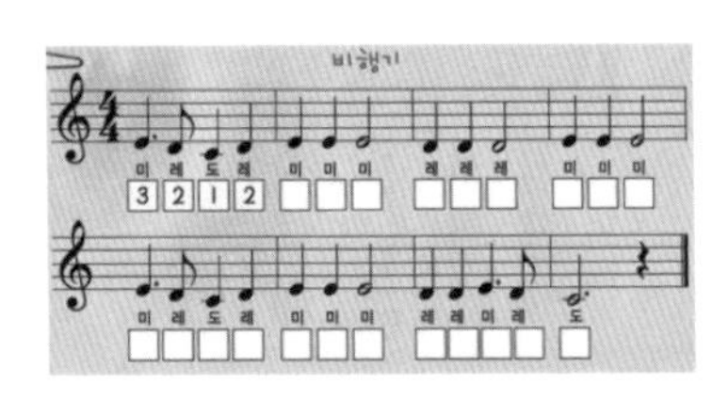

전화기 버튼(수)으로 '비행기' 연주

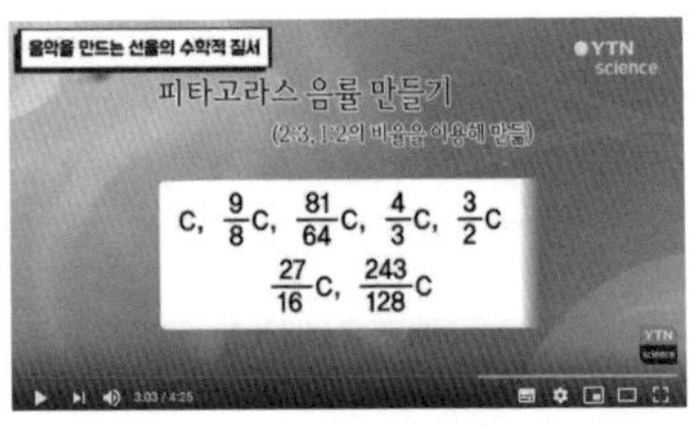

피타고라스 음률(출처 YTN)

수업 실제

1. 수업 목표

- 순환소수의 의미를 이해한다.
- 구글 크롬뮤직랩을 활용하여 멜로디와 리듬의 수학적 의미를 이해한다.

2. 차시별 수업 내용

	수업 내용
1	부부젤라 알아보기, 팬파이프 알아보기, 순환소수의 의미 이해하기
2	구글 크롬뮤직랩을 활용하여 멜로디와 리듬의 수학적 의미를 이해하기

3. 수업과 관련된 학습 내용

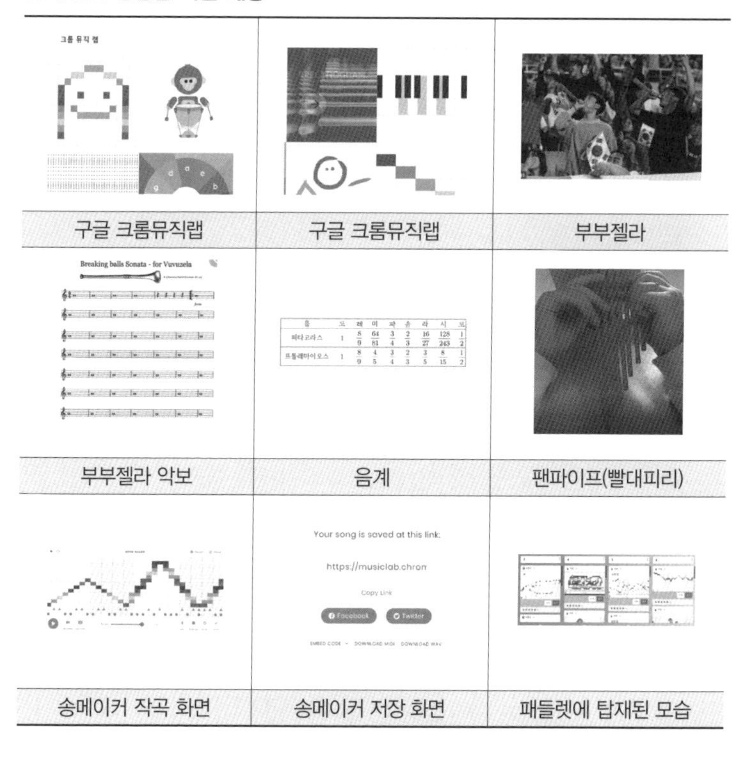

음	도	레	미	파	솔	라	시	도
피타고라스	1	$\frac{8}{9}$	$\frac{64}{81}$	$\frac{3}{4}$	$\frac{2}{3}$	$\frac{16}{27}$	$\frac{128}{243}$	$\frac{1}{2}$
프톨레마이오스	1	$\frac{8}{9}$	$\frac{4}{5}$	$\frac{3}{4}$	$\frac{2}{3}$	$\frac{3}{5}$	$\frac{8}{15}$	$\frac{1}{2}$

구글 크롬뮤직랩	구글 크롬뮤직랩	부부젤라
부부젤라 악보	음계	팬파이프(빨대피리)
송메이커 작곡 화면	송메이커 저장 화면	패들렛에 탑재된 모습

4. 교수-학습 과정안

<table>
<tr><th colspan="7">(수학)과 교수-학습과정안</th></tr>
<tr><td>단원</td><td colspan="6">Ⅰ. 수와 식의 계산, 1. 유리수와 순환소수</td></tr>
<tr><td>대상</td><td>중2</td><td>차시</td><td>1~2차시</td><td>디지털
도구</td><td colspan="2">padlet 패들렛 : 작품 전시
크롬뮤직랩 : 음악 제작 공유</td></tr>
<tr><td>수업
목표</td><td colspan="6">1. 순환소수의 의미를 이해한다.
2. 디지털 도구(크롬뮤직랩)를 활용하여 멜로디와 리듬의 수학적 의미를 이해한다.</td></tr>
<tr><th>단계</th><th>학습 요소</th><th colspan="4">교수 · 학습활동</th><th>활용 도구</th></tr>
<tr><td rowspan="2">도입</td><td>학습 준비
안내</td><td colspan="4">자리 배치 확인
교과서 및 활동지 준비
수업 분위기 조성</td><td></td></tr>
<tr><td>동기 유발</td><td colspan="4">● 전 시간 학습 내용을 질문하고 설명하기
● 오늘 배울 내용인 크롬뮤직랩을 활용하여 멜로디와 리듬 속에 수학적인 요소가 함축되어 있음을 알림.
● 부부젤라 나팔 모양의 악기 연주곡 감상
• https://hoy.kr/ztwx1
• 4박자씩 규칙적으로 같은 음
• 무한 도돌이표가 있어 뿌-뿌-뿌-뿌 반복
● 팬파이프 또는 빨대피리
• https://hoy.kr/cQUgv
• 고대 그리스에서 비롯된 관악기
• 금속제의 길고 짧은 관을 길이의 순서대로 늘어놓고 평평하게 묶어 입으로 불어 연주함.
• 동영상을 시청한 후 팬파이프의 길이에 따른 비와 비율이 수학적으로 연관성이 있음을 알고, 정해진 비율은 순환소수로 표현할 수 있음.</td><td>부부젤라
동영상

팬파이프
동영상</td></tr>
</table>

단계	학습 요소	교수 · 학습활동	활용 도구
도입	학습 목표 제시	**● 학습 목표를 다 함께 읽어 보도록 한다.** • 순환소수의 의미를 이해한다. • 디지털 도구를 이용하여 멜로디와 리듬을 알아본다.	
전개	개념 학습	**● 부부젤라 연주곡** • 부부젤라 연주곡에서 규칙적으로 반복되는 4박자의 음이 일정한 숫자의 배열이 한없이 되풀이되는 순환소수의 순환마디와 유사함을 알게 된다. 학생들은 자연스럽게 순환소수를 이해할 수 있다. **● 유한소수와 무한소수** • 소수점 아래에 0이 아닌 숫자가 유한개인 소수가 유한소수 예〉 0.02, −1.75 • 소수점 아래에 0이 아닌 숫자가 무한히 많은 소수가 무한소수 예〉 0.666…, −1.181818… **● 유한소수와 무한소수 구분하기** $\frac{3}{5}=0.6,\ \frac{1}{6}=0.1666\cdots,\ \frac{11}{8}=1.375,\ -\frac{2}{9}=-0.222\cdots$ **● 순환소수와 순환마디** • 소수점 아래의 어떤 자리에서부터 일정한 숫자의 배열이 한없이 되풀이되는 무한소수 • 일정한 숫자의 배열이 한없이 되풀이되는 한 부분이 순환마디 예〉 $0.222\cdots = 0.\dot{2}$ (순환마디 2), $-1.4161616\cdots = -1.4\dot{1}\dot{6}$ (순환마디 16) • 순환소수는 순환마디의 양 끝의 숫자 위에 점을 찍어 나타냄 • 순환하지 않는 무한소수도 있음 예〉 Π, 0.1010010001…	e북을 통해서 교과서의 개념을 설명한다.
	어플 소개	**● 크롬뮤직랩 소개** • https://hoy.kr/vHs0F • 4분 50초 동영상 시청하기 • 구글에서 만든 음악 디지털 도구 • 작곡을 하거나 리듬을 연주할 수도 있고, 수학과 연계한 다양한 음악을 체험하면서 익힐 수 있는 도구	크롬뮤직랩

단계	학습 요소	교수 · 학습활동	활용 도구
	크롬뮤직랩 실습하기	**● 디지털 도구를 이용하여 자신만의 작곡하기** • 송메이커, 리듬, 아르페지오, 칸딘스키, 보이스 스피너의 메뉴를 체험하도록 한다. • 송메이커를 활용하여 자신만의 멜로디와 리듬을 만들어 보기 • https://hoy.kr/y3oqE • 플레이, 악기 변경, 멜로디 편집, 리듬 편집, 템포 변경, 목소리로 멜로디 생성, 설정, 되돌리기, 저장 및 공유, 다운로드 등을 확인하도록 한다. • 크롬뮤직랩 메인 화면  • 송메이커로 작곡한 화면 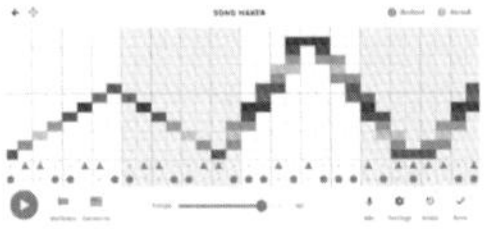 • 송메이커 화면  Your song is saved at this link: https://musiclab.chrom Copy Link Facebook Twitter	송메이커 링크 송메이커 작곡
	별점 주기 (패들렛)	**● 제작한 개별 작품에 대한 별점 주기 및 댓글 추가**  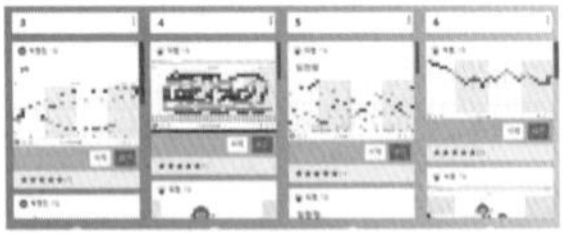	
정리	수업 내용 정리	**● 배운 학습 내용 정리하기** **● 크롬뮤직랩에 대해 정리하기**	
	차시 예고	**● 차시 예고**	
	마무리	**● 수업 정리 및 인사**	

5. 학생 활동지

_____ 학년 _____ 반 _____ 번 이름 ________________

1. 이 디지털 도구는 무엇인가요?

---

2. 크롬뮤직랩의 송메이커를 활용하여 다음 순환소수의 순환마디를 만들어 주세요.(단, 도-레-미-파-솔-라-시-도는 소수점 아래 1,2,3,4,5,6,7,8,9,10으로 본다.)

0.341234123412…

Marimba Electronic Tempo

---

3. 크롬뮤직랩의 송메이커를 활용하여 다음 순환소수의 순환마디를 만들어 주세요.(단, 도-레-미-파-솔-라-시-도는 소수점 아래 1,2,3,4,5,6,7,8,9,10으로 본다.)

0.2494949…

---

4. 나만의 음악을 만들어서 패들렛에 공유해 주세요.

6. 프레젠테이션 자료

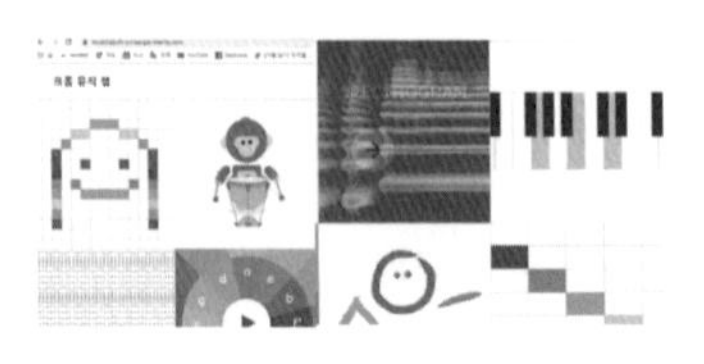

(구글 크롬뮤직랩)

도돌이표 '부부젤라'

Breaking balls Sonata - for Vuvuzela

(부부젤라 악보)

음	도	레	미	파	솔	라	시	도
피타고라스	1	$\frac{8}{9}$	$\frac{64}{81}$	$\frac{3}{4}$	$\frac{2}{3}$	$\frac{16}{27}$	$\frac{128}{243}$	$\frac{1}{2}$
프톨레마이오스	1	$\frac{8}{9}$	$\frac{4}{5}$	$\frac{3}{4}$	$\frac{2}{3}$	$\frac{3}{5}$	$\frac{8}{15}$	$\frac{1}{2}$

(음계)

(일정한 길이의 비가 들어간 빨대피리)

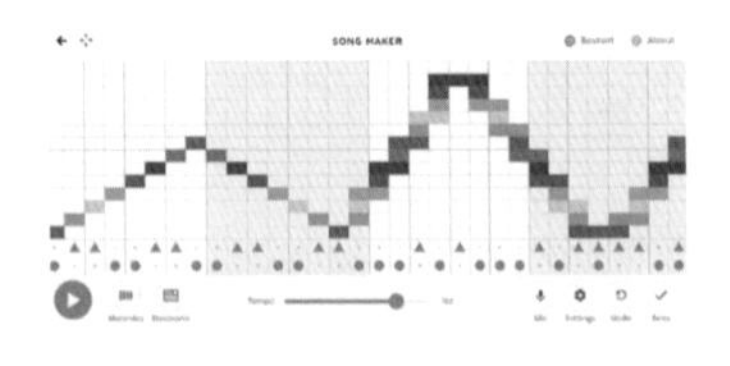

(송메이커로 작곡한 화면)

7. 학생 결과물 예시

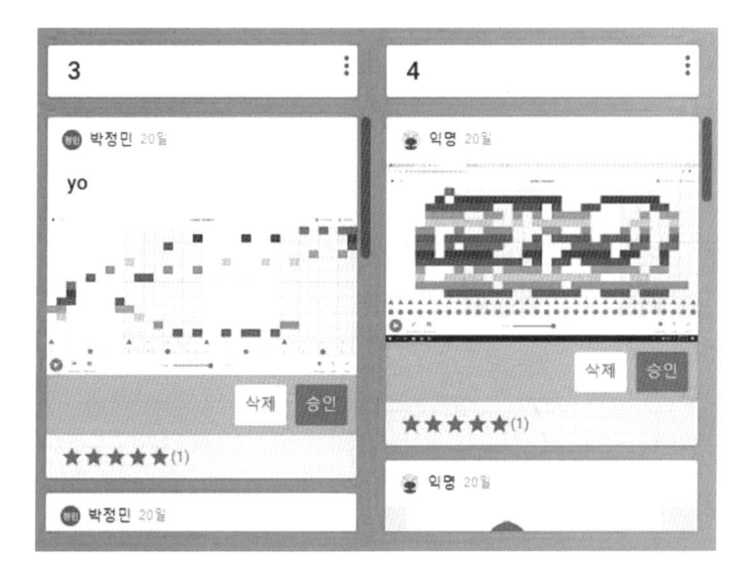
3
4
박정민 20일
yo
익명 20일
삭제
승인
★★★★★(1)
삭제
승인
★★★★★(1)
익명 20일
박정민 20일

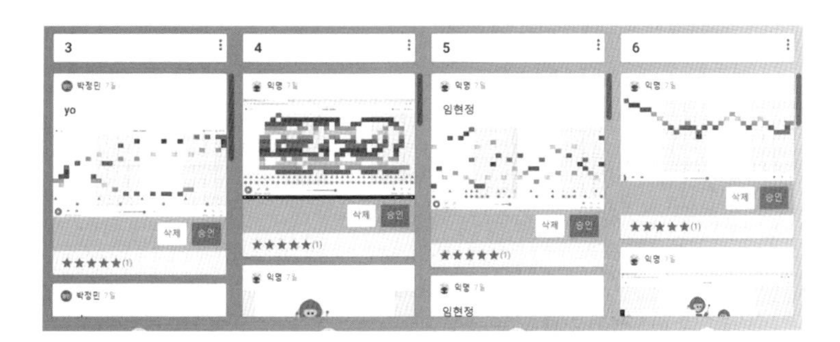
3
4
5
6
yo
임현정
삭제
승인
★★★★★(1)
임현정

추천사

교육과정을 토대로 수학 학습의 포인트를 잘 짚어 낸 책으로 평가됩니다. 학부모님들께서는 이 책에 제시된 수포자의 흐름을 미리 읽고, 수학을 흥미롭게 느끼고 자신감을 가질 수 있는 과목으로 바꿀 수 있는, 자녀 교육의 지침서로 활용하시기를 바랍니다. 특히 이 책의 핵심인, 수학을 암기가 아닌 원리 파악과 이해의 과목으로 학습할 수 있는 노하우를 꼭 읽어 보시기를 권해 드립니다.

– 박삼서 / 박삼서교육권익사단 이사장, 전) 교육부 교육과정 정책과장

늘 재미난 수학 수업으로 정평이 난 교육 전문가의 책으로, 학생들이 수학을 어려워하는 이유를 학생과 학부모님의 입장에서 쉽게 풀어서 쓴 부분을 꼭 읽으실 것을 추천드립니다. 특히 초등 3학년 때부터 수학이 서서히 어려워지는 지점을 잘 밝혔고, 이를 극복하는 방안을 학습 심리적 관점에서 슬기롭게 헤쳐 나갈 수 있게 제시한 책이라 더욱 애정이 갑니다. 제4차 산업혁명에서 수학은 핵심 역량이기 때문에 누구나 포기하지 않고 수학을 즐겁게 학습할 수 있기를 바랍니다.

– 김봉제 / 서울교육대학교 교수, 전) 서울대학교 연구교수

제게 수학은 기쁨보다는 좌절감을 더 많이 주는 과목이었습니다. 배움은 즐기며 하는 게 최고인데 수학은 그러지 않았던 것 같습니다. '수포자도 수학 1등급 받을 수 있어'가 우리 아이들에게 '수학도 즐기며 공부할 수 있는 재미난 과목'임을 전도하는 지침서가 되었으면 좋겠습니다.

– 이서기 / 전북교육청 장학관, 남원교육지원청 교육지원과장

수학은 어려워서 아무리 공부해도 점수가 오르지 않는 과목이란 인식과 함께 수학과 담을 쌓는 '수포자'란 말이 이미 우리에게 익숙합니다. 교육이 매우 발달한 요즘, 우리 아이들에게 수학에 대한 부담과 공포는 날로 심화되고 있지만, 정작 이에 대한 속 시원한 해결책은 나오고 있지 않은 상황입니다. 이 책에는 수포자였다가 이를 극복하고 수학의 재미를 알게 된 수학 선생님의 수학 교육 방법에 대한 통찰과, 수포자 해결을 위한 적극적인 방법들이 제시되어 있습니다. 수학에 자신감과 흥미를 잃어 가는 우리 학생들과 이를 안타깝게 지켜보시는 학부모님께 이 책을 권해 드립니다.

– 박원주 / 한국교사학회 총무이사, 자녀교육 분야 작가

비대면 수업이 일상화되면서, 학생들의 학업 부담이 늘어나고 있습니다. 수학의 경우 단순히 영상을 보고 학습하기에는 무리가 있으며, 가정에서 부모님들이 도와주기에도 한계가 있는 과목입니다. 이러한 시기에 수포자에 대한 논의가 더욱 활성화되어야 한다고 생각하는데, 때마침 적절한 시점에 출간된 책으로 평가됩니다. 함수, 미적분 등 학생들이 어려워하는 수학 분야에 대해 관심을 가질 수 있게 서술한 부분은 학생과 학부모님 모두 읽기를 추천해 드립니다.

– 송민호 / 서울대벤처 ㈜엄마수첩 대표, 전) 대학교 입학사정관

영화 '앤트맨'의 양자역학에는 어떤 수학적 원리가 숨어 있을까? 기하학, 함수, 통계 등 어렵게만 느껴지는 수학을 재미있게 풀어냈습니다. 입시 중심의 교육이 수학 콤플렉스 사회를 만들었지만, 이 책은 수학이 가진 원래의 재미를 찾아 주고, 우리 삶 속에 어떻게 숨 쉬고 있는지를 가르쳐 줍니다. 마지막 부분에서는 디지털 리터러시와도 접목하여 수학 공부에 도움이 되는 유용한 디지털 도구도 알려 줍니다. 부모와 자녀가 함께 읽어 보기를 권합니다.

– 박일준 / 사단법인 디지털리터러시교육협회 회장

수학은 알면 알수록 신비롭고 아름다우며 질서가 있습니다. 저는 수학을 경외하면서도 잘 하지 못했던 사람이었습니다. 그러다 27년 동안 마술사로 살면서 수학을 이용한 마술도 하며 '마술사의 수학책'을 출판하였습니다. 최우성 선생님은 수학을 사랑하며, 학생들에게 가장 친절한 수학 선생님으로 인성과 실력을 갖추신 분입니다. '마술사의 수학책'도 자문해 주시고, 수학의 발전을 위해 많은 도움을 주셨습니다. 이 책도 학생들의 수학 실력과 흥미를 충분히 이끌어 주는 훌륭한 책이 될 것으로 믿습니다.

– 함현진 / 한국교육마술협회 회장, '마술사의 수학책' 작가

어려운 수학을 포기하려던 학생이 극복한 것에 그치지 않고, 수학을 좋아하게 되어 지금은 선생님이 되었다니?! 어떻게 흥미를 갖게 되었는지도 궁금하지만, 수포자가 될 만큼 어려운 수학을 극복한 꿀 같은 노하우를 제자들을 위해 정리한 이 책이, 현재 학부모로서, 또 지난날 수포자로서 여름날의 얼음 생수처럼 반갑습니다. 선생님 SNS의 일상 수학도 재미있게 구독 중입니다. 선플달기 운동본부에서 홍보위원으로 함께 캠페인하며 알게 된 최우성 선생님. 제자들을 향한 따뜻한 마음, 지식과 삶의 일치를 수학 문제 풀이 과정처럼 차근히 실천하시는 모습이 담긴 귀한 책을 학부모와 학생들에게 추천합니다.

– 선우림 / 배우, 구세군 홍보대사, 전) 선플운동본부 홍보대사

Foreign Copyright:
Joonwon Lee
Address: 3F, 127, Yanghwa-ro, Mapo-gu, Seoul, Republic of Korea
3rd Floor
Telephone: 82-2-3142-4151
E-mail: jwlee@cyber.co.kr

수포자도 수학 1등급 받을 수 있어

2021. 8. 9. 초 판 1쇄 인쇄
2021. 8. 16. 초 판 1쇄 발행

지은이 | 최우성
펴낸이 | 이종춘
펴낸곳 | BM (주)도서출판 성안당
주소 | 04032 서울시 마포구 양화로 127 첨단빌딩 3층(출판기획 R&D 센터)
10881 경기도 파주시 문발로 112 파주 출판 문화도시(제작 및 물류)
전화 | 02) 3142-0036
031) 950-6300
팩스 | 031) 955-0510
등록 | 1973. 2. 1. 제406-2005-000046호
출판사 홈페이지 | **www.cyber.co.kr**
ISBN | 978-89-315-5767-1 (03410)
정가 | 15,000원

이 책을 만든 사람들
기획 | 최옥현
진행 | 오영미
교정 · 교열 | 이진영
본문 · 표지 디자인 | 이플앤드
홍보 | 김계향, 유미나, 서세원
국제부 | 이선민, 조혜란, 권수경
마케팅 | 구본철, 차정욱, 나진호, 이동후, 강호묵
마케팅 지원 | 장상범, 박지연
제작 | 김유석

■ **도서 A/S 안내**

성안당에서 발행하는 모든 도서는 저자와 출판사, 그리고 독자가 함께 만들어 나갑니다.
좋은 책을 펴내기 위해 많은 노력을 기울이고 있습니다. 혹시라도 내용상의 오류나 오탈자 등이 발견되면 **"좋은 책은 나라의 보배"**로서 우리 모두가 함께 만들어 간다는 마음으로 연락주시기 바랍니다. 수정 보완하여 더 나은 책이 되도록 최선을 다하겠습니다.
성안당은 늘 독자 여러분들의 소중한 의견을 기다리고 있습니다. 좋은 의견을 보내주시는 분께는 성안당 쇼핑몰의 포인트(3,000포인트)를 적립해 드립니다.

잘못 만들어진 책이나 부록 등이 파손된 경우에는 교환해 드립니다.